国家自然科学基金项目（51271062）
广西自然科学基金项目（2012GXNSFBA053147）　资助出版
桂林电子科技大学学术著作出版基金

脉动液压胀形技术

杨连发　著

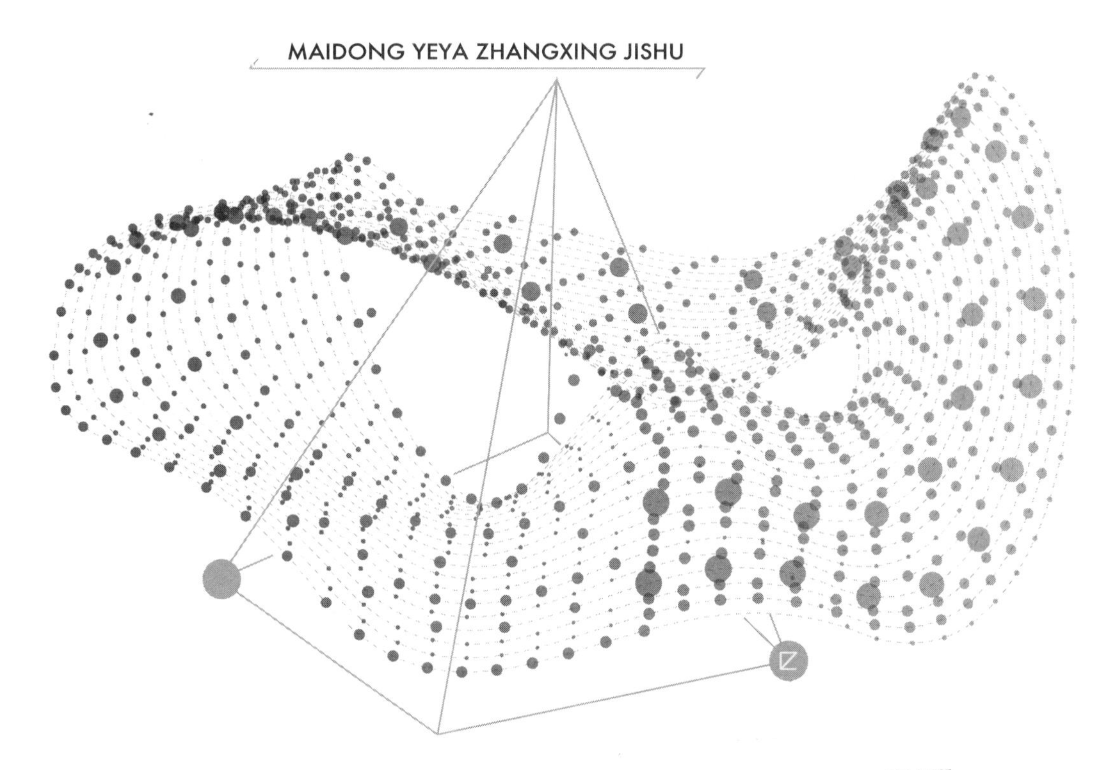

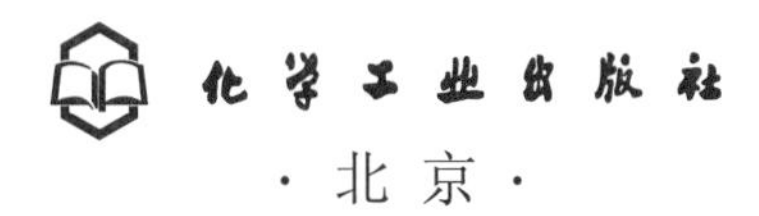

·北京·

本书是讲解脉动液压胀形技术的成形机理及变形规律的专业著作。重点阐述不锈钢管材在脉动液压成形时的塑性硬化规律、动态摩擦特性、组织结构演变、起皱规律等，以及AZ31B镁合金板在脉动液压加载方式下的成形规律。

主要内容包括脉动液压胀形技术概况、脉动液压胀形试验系统、管材脉动液压胀形的变形规律、管材脉动液压胀形时的成形极限图、管材脉动液压胀形时的动态摩擦特性、管材脉动液压胀形的皱纹类型判别、脉动液压加载时管材轴压胀形的起皱规律、管材脉动液压胀形时的塑性硬化规律、脉动液压加载下管材的径压胀形，以及镁合金板材脉动液压胀形的变形规律等。

本书可为从事先进制造技术、精密塑性成形、材料加工工程及其相关专业的技术人员提供帮助，也可供以上专业的研究生学习参考。

图书在版编目（CIP）数据

脉动液压胀形技术/杨连发著．—北京：化学工业出版社，2019.3

ISBN 978-7-122-33694-1

Ⅰ.①脉…　Ⅱ.①杨…　Ⅲ.①金属加工-液压成型　Ⅳ.①TG386.3

中国版本图书馆CIP数据核字（2019）第008342号

责任编辑：贾　娜　　文字编辑：陈　喆
责任校对：宋　玮　　装帧设计：王晓宇

出版发行：化学工业出版社（北京市东城区青年湖南街13号　邮政编码100011）
印　　装：大厂聚鑫印刷有限责任公司
787mm×1092mm　1/16　印张9¼　字数200千字　2019年11月北京第1版第1次印刷

购书咨询：010-64518888　　售后服务：010-64518899
网　　址：http://www.cip.com.cn
凡购买本书，如有缺损质量问题，本社销售中心负责调换。

定　　价：68.00元

前言

PREFACE

液压胀形技术（Hydroforming，Hydro Bulging）是利用液体作为传力介质，使金属材料在模具内塑性成形的一种先进、特殊、柔性、精密（或半精密）的加工技术，也叫液压成形技术。应用该技术，不仅可以加工出复杂形状、强度与刚度高的零部件，而且可以减少加工工序数目、降低模具成本、节省原材料。根据所用金属板坯的不同，液压胀形技术可分为三大类型：管材液压胀形技术（Tube Hydroforming，简称 THF）、板材液压胀形技术（Sheet Hydroforming）和壳体液压胀形技术（Shell Hydroforming）。

液压胀形技术最早出现于 20 世纪 40 年代。人们对液压胀形的成形机理、变形规律、成形工艺及设备、材料特性等进行了大量的研究。现代工业的快速发展及节能环保的需要推动了液压胀形技术的发展，该技术在汽车、航空、航天、家电等领域得到了比较广泛的应用。美国、德国和日本等工业发达国家已经将之大量应用于复杂组合件、拼焊件、底盘零件及车身框架等零部件的生产中。

在液压胀形过程中，液压力的加载方式（或加载路径）对零件的成形过程、材料的成形性、零件的精度及表面质量等有显著的影响。所以，液压力的加载方式一直是液压胀形技术领域的热点问题。人们提出了各种各样的加载方式及实现手段。其中，2001 年，日本学者力丸德仁（Rikimaru）提出了一种脉动液压加载方式（Hammering/Pulsating Hydroforming），即在管材液压胀形中，若使管材内部的成形液压力 P 按一定的脉动（或振动）方式循环变化（图 1-5），则可用较小的成形液压力得到足够的胀形量，并能使变形更加均匀，延缓材料破裂的产生，从而提高材料成形极限和产品的精度。日本早稻田大学（Waseda University）、日本丰桥技术科学大学（Toyohashi University of Technology）对脉动液压加载方式下管材的液压胀形（即管材脉动液压胀形技术）进行了比较系统的研究。在脉动液压胀形时，管材受到循环交替的加载及卸载作用，从而可能引起材料的应力、应变状态及塑性硬化规律发生变化，可能造成管材与模具之间的摩擦特性的动态变化，并可能引起起皱现象的动态变化，甚至引起材料微观组织结构的复杂变化。这几个方面的复杂变化应与管材在非脉动液压加载（如液压单调增加）时（后）的表现不同，用经典塑性理论也很难解释清楚。因此，从这几个方面开展系统、深入的研究，有助于从宏观及微观上揭示脉动液压提高管材成形性的机理，并加以控制及利用。

在国家自然科学基金项目“脉动液压加载方式下金属薄壁管液压成形能力提高机理的研究(项目编号 51271062) ”及广西自然科学基金项目“镁合金板脉动液压加载方式下成形规律的研究 (项目编号 2012GXNSFBA053147) ”资助下，笔者与所指导的研究生对管材、板材的脉动液压胀形的成形机理及变形规律进行了比较系统的研究，通过对管材在脉动液压成形时的塑性硬化规律、动态摩擦特性、组织结构演变、起皱规律的分析研究，揭示脉动液压加载方式提高管材成形性的机理，取得了一些令人鼓舞的研究进展：研究了基于脉动液压成形环境下管材的塑性硬化规律，提出了基于脉动液压环境构建管材的塑性硬化模型的方法；研究了管材脉动液压成形时的动态摩擦特性，提出了测定脉动液压成形时管材导向区的动态摩擦系数的方法，揭示了脉动液压对导向区动态摩擦特性的影响规律；研究了脉动液压加载对管材液压成形时组织结构演变的影响规律，揭示了液压成形能力与微观组织演变、脉动液压参数的关系；研究了脉动液压加载方式下管材胀形时皱纹的控制及利用思路，提出了使胀形区的微小褶皱交替处于“产生↔胀平”平衡状态的条件及控制方法，揭示了这种平衡状态在提高管材成形性方面的作用。本书内容就是基于所承担、完成的这两个基金项目的研究成果撰写而成。本书的部分研究成果已经发表于最近四年的外文期刊上，部分研究成果已经得到国家发明专利及实用新型专利授权。

本书由两部分内容构成：不锈钢管材的液压胀形（第1～9章）及镁合金板材的脉动液压胀形（第10章），重点在第一部分。全书共11章，各章内容如下。

第1章　绪论

第2章　脉动液压胀形试验系统

第3章　管材脉动液压胀形的变形规律

第4章　管材脉动液压胀形时的成形极限图

第5章　管材脉动液压胀形时的动态摩擦特性

第6章　管材脉动液压胀形的皱纹类型判别

第7章　脉动液压加载时管材轴压胀形的起皱规律

第8章　管材脉动液压胀形时的塑性硬化规律

第9章　脉动液压加载下管材的径压胀形

第10章　镁合金板材脉动液压胀形的变形规律

第11章　研究结论与技术展望

本书中的“模拟”若未有特别说明，均是指有限元数值模拟（Finite Element Analysis，简称FEA)。书后附有各章节的符号解释。

本书主要介绍了笔者近几年基于两个基金项目所做的研究工作及取得的一些进展，期望本书的出版能对从事和研究液压胀形技术的读者起到抛砖引玉的作用。本书介绍的主要研究工作，得到了毛献昌、易亮、容海松、王宁华、胡竹林、吴春蕾、汤道福几位研究生的大力协助。他们直接参与了两个自然科学基金项目的研究工作，包括理论分析、数值模拟及试验研究。在此表示衷心的感谢！他们承担的具体研究内容如下（括号内的年份为研究生毕业年份）：成形极限图（汤道福，2016年），变形规律、塑性硬化规律（王宁华，2015年），动态摩擦特性（吴春蕾，2015年），起皱现象及规律（胡竹林，2015年），管材径压胀形（容海松，2013年），镁合金板脉动液压胀形（易亮，2012年），镁合金板液压成形（毛献昌，2009年）。感谢国家自然科学基金委员会、广西壮族自治区科技厅为本书的研究工作提供研究基金！感谢桂林电子科技大学为本书的出版提供基金资助！

限于笔者的学识及水平，书中难免会有不足之处，敬请读者批评指正。

著者

目录
CONTENTS

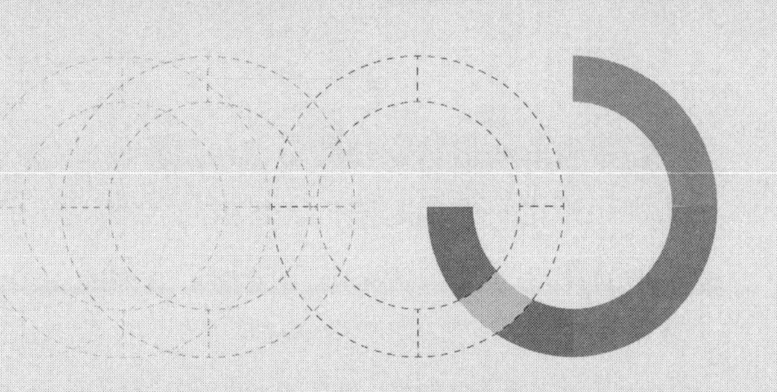

第1章 绪论

1.1 液压胀形技术

由传统的机械制造技术发展起来的先进成形技术，在保持传统制造技术要素的同时，不断地吸收控制技术、材料科学、计算机科学等方面的成就，呈现精密化、精确化、能耗低、污染小等特点，从制造毛坯或半成品的成形技术向直接制造精密零件的净成形技术方向发展。为了实现《联合国气候变化框架公约》(United Nations Framework Convention on Climate Change，简称 UNFCCC 或 FCCC）提出的减少温室气体排放的环保目标，飞行器、汽车等的轻量化成为制造业亟待解决的优先课题，用较少材料、较少能源即可获得足够强度零件的液压胀形技术得到了快速发展。

液压胀形技术（Hydroforming，Hydro Bulging）是利用液体作为传力介质，使金属材料在模具内塑性成形的一种先进、特殊、柔性、精密（或半精密）的加工技术，也叫液压成形技术，又称液压成形（Hydraulic Forming)、液力成形（Hydro-forming）或内高压成形技术（Internal High Pressure Forming)。由于使用液体介质代替凸模或凹模，可以成形很多用刚性模具无法加工的复杂零件，并省去将近一半的模具费用和加工时间。与传统的塑性成形技术相比，液压胀形技术具有明显的加工优势：可加工复杂形状的零件、零件表面质量好，可以减少工序、简化模具、缩短工期，而且不需要昂贵的加工设备。

早在 1890 年就出现了类似于液压胀形的充液成形。目前，按使用坯料的不同，液压胀形可以分为三种类型：管材液压胀形（工作介质多为乳化液，成形液压力小于 400MPa)、板材液压胀形（工作介质多为液压油，成形液压力小于 100MPa）和壳体液压胀形（工作介质多为纯水，成形液压力小于 50MPa)。

1.1.1 管材液压胀形技术

管材液压胀形技术（Tube Hydroforming，THF）是一种利用高压液体使管材塑性成形，得到截面形状复杂的中空薄壁整体结构件的成形技术。THF 是为适应飞行器、汽车等结构轻量化而发展起来的先进成形技术。应用该技术，可以将圆形、椭圆形、矩形、梯形等截面管坯（在本书中，指变形前的管材）一次性成形为轴线是二维或三维曲线的异型截面中空薄壁件。

其基本原理如图 1-1 所示。将管材放入模具内定位［图 1-1(a)］；上、下模具闭合并锁紧，挤压头对管材两端压紧、密封［图 1-1(b)］；外部液压系统向管材内注入高压液体［图 1-1(c)］；管材在成形液压力 P 及轴向推力 F_z 作用下逐渐胀大，贴紧模具内壁后得到最终形状［图 1-1(d)］；成形结束后，卸载液压及轴向推力［图 1-1(e)］；挤压头回位，开模取出试件（在本书中，指胀形后的管件），成形结束［图 1-1(f)］。

与铸造、焊接、锻造等传统工艺相比，THF 具有以下优点。

① 节省零件材料，减轻产品重量。THF 生产的零件多为中空的薄壁整体结构件，因此零件的重量较轻。例如，汽车发动机托架、自行车零件等，重量可减轻 20%～40%；空心阶梯轴类零件，重量能够减轻 40%～50%，有的甚至可达 75%[1]。

② 减少模具数量，降低生产成本。THF 技术通常仅需要一套模具，工序种类和工装数目均较少。例如，汽车副车架部件所用模具数量由 6 套减少到 1 套[2]。与传统的冲压生产相比，应用 THF 技术，成本平均降低 15%～20%，模具费用平均降低 20%～30%[3]。

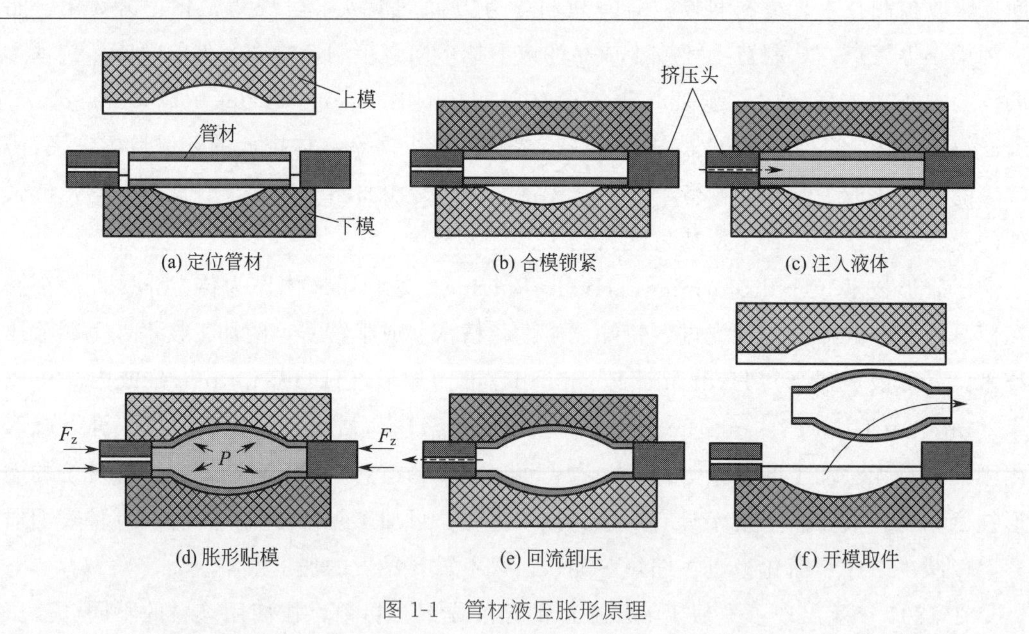

(a) 定位管材　(b) 合模锁紧　(c) 注入液体
(d) 胀形贴模　(e) 回流卸压　(f) 开模取件

图 1-1　管材液压胀形原理

③ 提高零件强度、刚度和精度。采用 THF 技术可得到整体结构件，而采用传统工艺多为拼焊构件。例如采用 THF 成形的散热器，垂直方向上的刚度可提高 39%，水平方向上的刚度可提高 50%[4]。而且，由于液压具有校形作用，得到的零件精度较高。

④ 提升零件设计的灵活性。THF 技术能够成形截面形状复杂的中空薄壁件，可以有效改善零件结构的一体性及完整性，使 THF 产品的设计更加灵活[5]。

THF 最早出现于 20 世纪 40 年代，当时主要用于管件的成形。由于相关技术的限制，在相当长一段时间内，THF 仅局限在实验阶段，未在工业上广泛应用。随着现代工业的快速发展及人们环保意识的不断增强，节省能源、减少污染、减轻重量、节约材料成为汽车、航空、航天等领域发展的必然趋势。在现代汽车、航空、航天、家电等领域得到了较广泛的应用[6~9]。在汽车制造领域，常常将 THF 技术与焊接、弯曲、拉深等工序相结合，用于生产截面形状复杂的汽车车身结构件等。目前，美国、德国和日本等工业发达国家已经将 THF 技术大量应用于复杂组合件、拼焊件、底盘零件及车身框架等零部件的生产中。图 1-2 所示为应用 THF 技术制造的汽车零部件[10,11]。

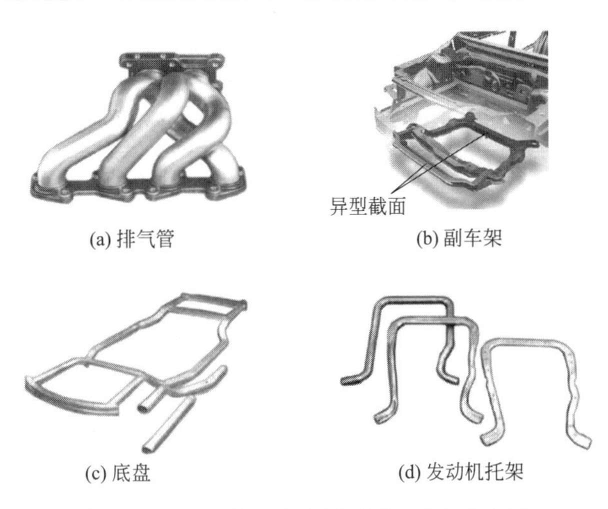

图 1-2　THF 技术在汽车领域中的应用实例

1.1.2　板材液压胀形技术

板材液压胀形技术（Sheet Hydroforming），是指利用高压液体使金属板材塑性成形，得到形状复杂的薄壁结构件的一种成形技术[12]。

其基本原理如图 1-3 所示，刚性凸模将板材压入充满液体的液压腔中，而液压腔内的液

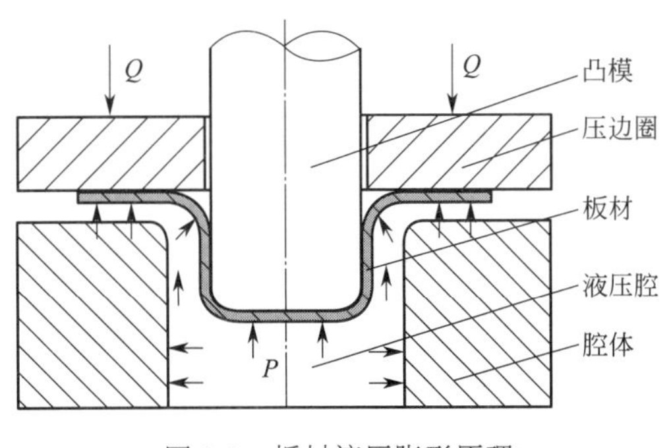

图 1-3　板材液压胀形原理

体对板材施加均匀的反向液压力 P，使其完全贴合刚性凸模。在板材液压胀形中，由于产生液体润滑、径向推力和“摩擦保持效应”等效应，能显著提高板材的成形极限和零件的表面质量[13]。

板材液压胀形技术最早由管材液压胀形演变而来，美国、德国和日本相继于20世纪五六十年代开发出橡皮囊液压胀形技术。日本学者保日春男开发出了对向液压拉深技术后，欧美一些国家相继开展了板材液压胀形的工艺研究及设备开发。1967年，德国SMG公司提出了机械-液压拉深技术。20世纪90年代后期，制造业迅猛发展，零件形状日趋复杂，加之大量采用铝、镁等质量较轻但塑性较差的新材料，使得人们将注意力转向了板材液压胀形技术。20世纪90年代后期，德国学者提出了板材成对液压胀形技术。目前，板材液压胀形技术已经大量应用到航空、航天、汽车以及家用电器制造中。

目前，常见的板材液压胀形工艺主要有压力润滑拉深、径向推力充液拉深、机械-液压拉深、充液变薄拉深、温热液压拉深等。

1.1.3 壳体液压胀形技术

1985年，哈尔滨工业大学王仲仁教授发明了球形容器无模液压胀形工艺，提出了壳体液压胀形技术（Shell Hydroforming）：向一个空心多面壳体坯料内充满液体，然后增大内部的液体压力，使空心坯料产生塑性变形而胀大，逐渐趋向最终的光滑表面壳体。

壳体液压胀形技术的基本原理是：先由多个平板或单曲率壳板焊成一个封闭多面壳体，此时壳体外部及内部皆无模具。然后，向封闭多面壳体内注入液体，在内部液压力作用下，多面壳体产生塑性变形而逐渐趋向于光滑壳体形状（如球形、椭球形、环壳和其他形状壳体）。该工艺的主要工序为：下料→弯卷→拼焊→胀形，如图1-4所示[14]。

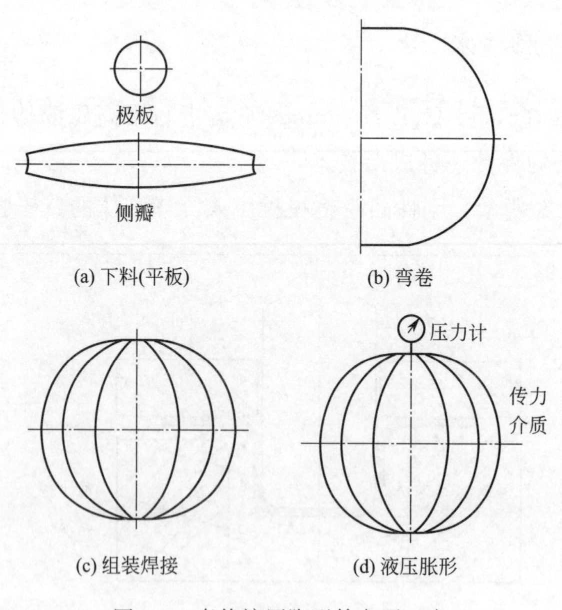

图1-4 壳体液压胀形的主要工序

同传统制造工艺相比，无模液压胀形技术具有如下优点[15]。

① 不需要大型的模具和压力机，故初期投资少，可显著降低制造成本。

② 下料组装简单，生产周期短，产品更新换代容易。

③ 经过超载胀形，有效地降低了焊接残余应力，产品安全性得到提高。

该技术可用于制造石油、化工、造纸、供水及建筑装饰等行业的压力容器、常压容器、球形装饰品及球形屋顶等。目前，已经应用于水塔、液化气储罐、建筑装饰及飞行仿真球幕等。

1.2 管材脉动液压胀形技术

管材脉动液压胀形技术（Tube Hammering/Pulsating Hydroforming）是采用具有一定脉动振幅 ΔP 和频率 f 的液压力作用于管材内部，使管材发生塑性变形而贴紧模具型腔的成形技术，它是一种新颖的 THF 技术。研究表明，应用脉动液压胀形技术，用较小的成形液压力即可得到质量优良的产品，在汽车工业有较大的应用潜力，成为目前的研究热点。

2001 年，日本学者力丸德仁（Rikimaru）发现[16]，在管材液压胀形中，若使管材内部的成形液压力 P 按一定的脉动（或振动）方式循环变化（图 1-5），则可用较小的成形液压力得到足够的胀形量，并能使变形更加均匀，延缓材料破裂的产生，从而提高材料成形极限和产品的精度。这种在脉动液压加载方式下管材的液压胀形技术称为管材脉动液压胀形技术，该新技术一经出现，立即引起了人们极大的研究兴趣。2003 年，日本早稻田大学（Waseda University）的浜崇之（Hama）等[17] 对某汽车部件的脉动液压胀形过程进行了有限元数值模拟（Finite Element Analysis，FEA）分析。结果表明，用较小的成形液压力就可以得到较大的胀形高度。他们认为，脉动液压力引起管材规律性的弹性恢复，导致其与模具之间的法向接触压力减小，从而减小摩擦力，降低了摩擦系数，这是管材成形性提高的主要原因。日本丰桥技术科学大学（Toyohashi University of Technology）森谦一郎（Mori）教授等[18] 从力学角度分析了在脉动液压加载方式下管材成形性提高的机理。他们认为，因为在脉动液压胀形时所需要的液压力小而且呈现周期性、脉动式变化，这是成形性提高的主要原因。Mori 等[19,20] 对中碳钢管材分别进行脉动液压和恒定液压力的胀形对比试验。在脉动液压胀形试验中，应用摄像机观察到管材表面交替地出现微小皱纹并消失的现象，最终可以得到无局部缩颈的均匀胀形，这是管材成形性提高的主要原因。Loh-Mousavi 等[21] 认为，管材成形性提高是由于在脉动液压胀形中，皱纹交替地出现与消失，从而延缓了起皱及破裂的产生。Loh-Mousavi 等[22] 的进一步研究表明，脉动液压胀形时，液压力的脉动振幅越大、脉动频率越高，则材料的模具填充性（即贴模性）就越好，管材的成形性就越好。Loh-Mousavi 等[23] 的研究结果表明，脉动液压胀形同样可以有效提高双层管的成形性。Yong Xu [24]等的研究表明，脉动液压胀形能够降低摩擦力的阻碍作用，促进液压胀形过程中的补料，因而材料的模具填充性更好、壁厚分布更均匀。在我国，哈尔滨工业大学苑世剑教授等开展了相关研究[25]。袁安营等[26]的模拟分析表明，脉动液压加载可以使汽车副车架的变形更加均匀，并对抑制局部过度减薄有明显的效果。中国科学院沈阳金属研究所的张士宏等[27]分别在线性、脉动液压加载方式下对管材进行胀形试验，从材料微观组织角度探索脉动液压加载提高管材成形性的机理。结果表明，由于脉动液压加载方式使材料的微观组织呈现特殊变化，从而使零件壁厚更均匀、延伸率更大。笔者[28]的研究表明，脉动液压加载方式使胀形区材料以一定频率交替处于“微小褶皱产生—微小褶皱胀平”的两种状态，胀形区内会出现皱纹交替地产生与消失的现象，使壁厚均匀性得到明显改善。笔者[29]分别在线性、脉动液压加载方式下，对管材径压胀形的成形性进行了对比研究。结果表明，合理的脉动液压加载方式可以使零件的壁厚均匀性更好，截面形状精度更高。笔者[30]的研究表明，与非脉动液压胀形相比，脉动液压胀形时，SS304 不锈钢管材中的等效应力得到了提高，而且通过增加液压力的脉动振幅和频率，可进一步改善成形性。

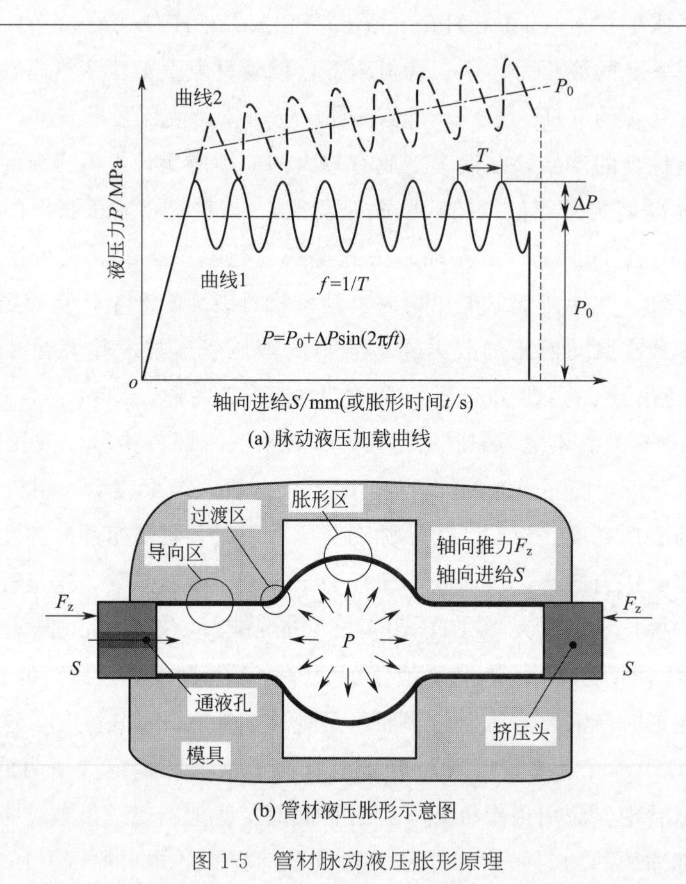

图 1-5 管材脉动液压胀形原理

1.2.1 研究现状

人们发现，金属材料在特殊加载方式下可能表现出超乎寻常的塑性变形能力，这种变形能力的提高一般与材料成形所受的应力状态、应变历史、摩擦特性、微观组织结构的演变等有关，这些问题引起了很多学者的研究兴趣[31]。如荷兰 CORUS 研发中心的 Emmens 等总结了塑性成形能力提高的几种机理，并指出在反复的弯曲与反弯曲变形中，周期性交变循环效应是成形性增加的机理之一，但周期性交变循环效应究竟是怎样起作用的，以及在多大程度上起作用却是一个悬而未决的问题[32]。在脉动液压胀形时，管材受到循环交替的加载及卸载作用，从而可能引起材料的应力、应变状态及塑性硬化规律发生变化，可能造成管材与模具之间的摩擦特性的动态变化，并可能引起起皱现象的动态变化，甚至引起材料微观组织结构的复杂变化。这几个方面的复杂变化应与管材在非脉动液压加载（如液压单调增加）时（后）的表现不同，用经典塑性理论也很难解释清楚。因此，从这几个方面开展系统、深入的研究，有助于从宏观及微观上揭示脉动液压提高管材成形性的机理，并加以控制及利用。目前这几个方面的研究动态如下。

（1）基于脉动液压胀形环境下管材的塑性硬化规律的研究现状

对 THF 成形机理的深入研究需要以能准确地描述材料塑性流动及变形行为的材料模型或塑性硬化模型为基础，模拟结果精度也在很大程度上取决于准确的塑性硬化模型。研究表明，塑性硬化模型及材料参数（如强度系数 k、硬化指数 n 及各向异性指数 r 等）对 THF 成形性有较大影响，因此，准确的材料模型或塑性硬化模型有助于揭示成形性提高的机理[33,34]。通常采用单向拉伸试验法（Uniaxial Tensile Test，UTT）来确定管材的塑性硬化模型，但因为管材制造过程中的加工硬化与各向异性，以及拉伸与胀形时两者的应力状态不同等原因，直接将单向拉伸试验得到的塑性硬化模型用于 THF 的成形分析与计算会产生较大的差异[35,36]。因此，建立针对 THF 应用的、准确的管材塑性硬化模型应该是基于双向应力状态下的管材液压胀形试验（Hydraulic Bulge Test）[33,37]。目前，基于 THF 环境下建立管材塑性硬化模型的方法基本上是先假定一种材料模型，如为 $\sigma_e=K(\varepsilon_0+\varepsilon_e)^n$，然后采用离线测量法获取试件的变形数据。即需要使用很多个管坯，分别在不同液压力下胀形，然后用三坐标测量仪等分别测量每个试件的胀形区轮廓数据，再经过曲线拟合得到材料参数 K 和 n[36,38～40]；或者将胀形区轮廓假定为某种简单的曲线形状以简化测量工作或实现简便的在线测量[37,41,42]。笔者提出了一个基于 THF 环境构建管材塑性硬化模型的方法并开发了相应的测试装置[43,44]。在脉动液压胀形时，管材受到循环交替的加载及卸载作用并可能出现包中格效应等，其塑性硬化规律应该不同于在常规的 THF 中表现出来的规律。上述基于材料模型假定、轮廓形状假设，并采用多个管坯分别胀形后再用离线测量法来确定管材塑性硬化模型的方法与脉动液压胀形真实环境不符，结果可能产生较大的误差[37]。因此，科学的方法是基于脉动液压环境下（在内部脉动液压力及管端轴向推力的耦合作用下），用单个管坯从屈服到破裂的整个成形阶段，能在线连续、实时地测量试件整个成形阶段的变形场及轮廓数据，并基于这些动态数据构建管材在循环液压脉动载荷下的塑性硬化模型，这样才可能从变形角度准确地揭示出脉动液压提高管材成形性的机理。

（2）管材脉动液压胀形时的动态摩擦特性及其定量化方法的研究现状

摩擦在 THF 中起着至关重要的作用，对管材的成形性有很大的影响；不准确的摩擦边界条件将会造成模拟结果不可靠。在 THF 研究领域，人们多集中于摩擦对成形精度、成形载荷的影响以及如何减少摩擦力等方面的研究，而在液压加载方式引起的摩擦特性变化方面的研究却比较少[45]。在脉动液压胀形中，由于周期性的加载及卸载作用，摩擦特性的表现将更加复杂，摩擦系数可能随着塑性变形而动态变化[46]。人们推测，在脉动液压胀形中可能存在松紧效应，即脉动液压使管材直径交替地、反复地胀大与缩小，可能导致在管材与模具之间的接触部位所受的法向压力减小，与液压力单调增加的情况相比，等效法向压力可能降低，从而降低了摩擦力，使管材的流动变得更加容易，因而成形性得到提高[31]。但是否真实存在这样的松紧效应，还缺乏足够的理论模型及试验验证；脉动液压如何影响这种松紧效应，进而是如何影响动态摩擦特性的，这系列问题的解决有助于揭示出脉动液压加载提高管材成形性的机理。因此，展开这方面的研究具有重要意义。对摩擦特性的研究需要解决如何基于脉动液压胀形环境测量变形管材的摩擦系数。如图 1-5 所示，1999 年，德国学者 Schmoeckel 等对常规 THF 的导向区（Guided Zone）、过渡区（Transition Zone）及胀形区（Expansion Zone）的摩擦特性研究表明：这三个区域内的表面正压力、滑动速度及应力应变状态显著不同，造成了它们的摩擦特性表现不同，采用的润滑剂及其效果评价方法也应区别对待。笔者针对 THF 的胀形区提出了测量其摩擦系数的新方法，并比较系统地研究了摩擦特性对成形性的影响[47～49]。从图 1-5 中可知，导向区的摩擦阻力对向胀形区内材料的流动补充有很大影响，因此研究导向区的摩擦特性将有助于解释脉动液压加载提高成形性的机理。目前，比较认可的测量导向区摩擦系数的方法主要是“推管试验法（Push-Through Test）”，即将管材放置于一个柱型孔模具内，管材内部受到一定大小的液压力作用，沿轴向推动管材运动，并假设内部液压力等于接触正压力，管端的轴向推力等于摩擦力[34,50]。但在脉动液压胀形实际过程中，脉动液压在交替变化，导向区内接触管材的长度在不断减小，摩擦系数可能呈现更加复杂的变化。因此，这种基于接触正应力和摩擦力假设的“推管试验法”也未能反映导向区的真实摩擦情况。因此，针对脉动液压胀形环境，提出一个测量导向区摩擦系数的方法及摩擦测量试验系统是准确研究导向区摩擦特性亟待解决的关键技术问题。

（3）脉动液压加载对管材液压胀形时组织结构演变的影响研究现状

管材在脉动液压胀形时，因受到周期性的交变循环载荷的影响，可能诱发材料微观组织发生演变，如诱发孪晶、相变、新相等的析出与溶解，也可能导致材料微观结构发生变化。而金属微观结构的变化（如位错的湮没或重排，空位的移动以及溶质原子的析出等）都会对卸载后再次加载时的位错运动造成影响，这可能是导致材料塑性变形能力发生显著提高的主要原因之一[51]。袁安营等对不锈钢 304 管材及工业纯铜 TP2 管材分别进行一次、多次单向拉伸和卸载试验研究。结果发现，不锈钢 304 管材的延伸率提高了 40% 以上，用 TEM 观察到形变诱发马氏体组织，而在工业纯铜 TP2 管材中却没有观察到显著的组织变化[52]。不锈钢 304 管材在脉动液压胀形中因多次加载、卸载导致马氏体相变与逆相变，这种相变诱导塑性机理可能是其成形性提高的原因，但具体的作用机制还有待进一步的研究[31]。因此，研究脉动液压加载如何影响微观组织演变、脉动液压参数对组织演变的影响规律，揭示微观组织变化与液压胀形能力的关系，是从微观组织演变角度揭示脉动液压提高管材成形性的机理应弄清楚的问题。

（4）管材脉动液压胀形时皱纹的控制及利用的研究现状

人们通常将失稳起皱作为一种缺陷，并通过各种工艺措施加以避免。但是一些研究表明，可以通过有效控制皱纹来提高材料的成形极限。1997 年，Dohmann[53] 指出可以在成形前期出现轻微的褶皱，并在成形中后期通过提高液压力来消除这些褶皱，从而可避免过度减薄问题。刘钢[54] 探讨如何通过优化加载路径和合理预成形来形成“有益褶皱”，从而提高壁厚均匀性和成形极限。苑世剑教授提出了在轴向推力及单调增加液压力的耦合作用下，有益皱纹需要同时满足的力学条件和几何条件：力学条件是在皱纹顶部的环形拉应力要小于某个临界值；几何条件是皱纹局部聚料面积小于零件相应部分的面积[55,56]。这些研究结果表明，若能通过加载路径对起皱程度进行有效控制，就可以利用“有益褶皱”来抑制局部过度变薄，从而提高管材的成形性。在脉动液压胀形时，管材受到循环交替的加载及卸载作用，引起胀形区起皱现象更加复杂。张士宏等的模拟分析表明：在脉动液压胀形中，在液压力下降时会出现小起皱，在液压力升高时则消失，这种微小起皱的反复生成和消除避免了管材的局部减薄，使壁厚均匀、成形性得到显著的提高[31]。笔者对脉动液压胀形机理的初步研究表明，脉动液压加载使胀形区材料产生“微小褶皱”并以一定频率交替处于“产生↔胀平”的两种状态，如果能使这种状态处于平衡，这种微小褶皱就会变成“有益褶皱”，从而使壁厚均匀性、成形极限得到显著提高[28,57]。但是，在采取脉动液压加载方式对工业纯铜 TP2 管材分别在有轴向进给和没有轴向进给的条件下进行液压胀形时，结果显示，有轴向进给时的成形性得到显著提高，而没有轴向进给时的成形性提高却不明显，即脉动液压不是在任何情况下均能显著提高 THF 成形性[26,27,52]。脉动液压加载如何使管材产生微小褶皱以及怎样使这些微小褶皱交替处于“产生↔胀平”的平衡状态，是揭示脉动液压加载提高管材的成形性机理亟待解决的科学问题之一，这方面研究却鲜见报道。

1.2.2 科学问题

综上所述，相对于常规的 THF 来说，脉动液压胀形拥有显著提高成形极限和产品精度、降低成形力和锁模力、扩宽成形范围等优势，具有很大的发展潜力和广阔的应用前景。但迄今为止，上述的前期研究，主要集中在脉动液压胀形现象及规律总结方面，并多数为模拟分析，缺少系统的理论及试验研究，对脉动液压加载是如何提高管材成形性的深层机理尚未清楚，相关研究也少见公开报道。揭示脉动液压加载是如何提高管材成形性的机理并加以控制及利用，有望进一步提高管材的成形性，因此，开展这方面的研究有着重要的理论意义和工程应用价值。

针对管材脉动液压成形，需要开展以下四个方面的研究。

① 基于脉动液压胀形环境下管材的塑性硬化规律。

研究管材在脉动液压环境下（在管端轴向推力及内部脉动液压力耦合作用下）胀形区的应力及应变特点，获取管材胀形区的应变分布及变化规律；基于动态应力及应变场特点，构建起管材在脉动液压载荷作用下的塑性硬化模型（曲线），从塑性硬化规律角度揭示脉动液压提高管材成形性的机理。

② 管材脉动液压胀形时的动态摩擦特性及其定量化方法。

分析管材液压胀形时导向区的松紧效应及摩擦特点，提出导向区动态摩擦系数的测量方法；基于此测量方法，研究管材在脉动液压加载方式下导向区的摩擦特性，以及脉动液压参数（如基准液压力 P_0、液压力的脉动振幅 ΔP、脉动频率 f 等）对摩擦特性（系数）的影响规律；建立起脉动液压力与摩擦力之间的关系，揭示动态摩擦特性在提高管材成形性方面的作用机制。

③ 脉动液压加载对管材组织结构演变的影响。

研究脉动液压加载如何影响管材液压胀形后材料的微观组织演变（如相变及逆相变等），研究脉动液压参数对组织演变的影响规律，揭示微观组织变化与脉动液压参数的关系，从微观组织演变角度揭示脉动液压提高管材成形性的机理。

④ 管材脉动液压胀形时皱纹的控制及利用。

分析管材在脉动液压加载时的起皱行为，分析在脉动液压加载方式下管材的塑性失稳起皱规律，建立微小褶皱交替处于“产生↔胀平”平衡状态的几何条件及力学条件，揭示这种平衡状态在提高管材成形性方面的作用，并提出有效控制这种平衡状态，使管材的成形性得到明显提高的方法。

通过开展上述四个方面的研究工作，达到如下研究目标。

① 基于脉动液压环境下获取单个试件的全变形阶段的动态变形场及轮廓数据，构建管材在循环脉动载荷下的塑性硬化模型，从塑性硬化规律角度揭示出脉动液压提高管材成形性的机理。

② 提出测定管材脉动液压胀形时导向区动态摩擦系数的方法，揭示脉动液压对导向区动态摩擦特性的影响规律，揭示摩擦特性在提高管材成形性的作用机理。

③ 揭示管材液压胀形能力与微观组织演变、脉动液压参数的关系，从微观组织演变角度揭示脉动液压提高管材成形性的机理。

④ 分析脉动液压加载方式下微小褶皱生成的机制，提出使胀形区的微小褶皱交替处于“产生↔胀平”平衡状态的条件及控制方法，揭示这种平衡状态在提高管材成形性方面的作用。

为实现上述的研究目标，应解决以下几个科学核心问题。

① 基于脉动液压环境下动态应变场直接构建管材的塑性硬化模型。

基于脉动液压加载环境下，获取管材胀形区的动态应变场，根据动态应变场如何构建管材的塑性硬化模型是需要解决的关键科学问题之一。通过与非脉动液压胀形时的塑性硬化模型对比，从变形角度揭示脉动液压提高管材成形性的机理。

② 基于脉动液压环境下导向区动态摩擦系数的实时测量方法。

交替变化的脉动液压加载方式可能引起导向区的摩擦系数呈现动态变化，可能不是一个常数。这种动态变化的捕捉和监测需要有在脉动液压胀形过程中能连续地、动态地测量导向区摩擦系数的方法，并且应直接测量导向区管材的接触正应力和摩擦力；在分析脉动液压参数对摩擦特性（系数）的影响规律时，也离不开准确、实时的测量方法。

③ 脉动液压环境下胀形区的微小褶皱交替处于“产生↔胀平”平衡状态的几何条件及力学条件。

在THF中，脉动液压加载方式造成胀形区材料周期性地加载及卸载，可能造成接触和摩擦边界条件的复杂变化，如何针对变形环境，建立起胀形区的微小褶皱交替处于“产生↔胀平”平衡状态的几何条件及力学条件，通过合理的脉动液压参数来实现微小褶皱“产生↔胀平”的平衡状态，从而可能有效利用此“有益起皱”来提高管材的成形性。

上述三个核心科学问题的解决将有助于从塑性硬化规律、动态摩擦特性、微观组织演变、起皱规律来揭示脉动液压加载提高管材成形性的机理并加以控制和利用，以期用较少的成形力来显著提高管材的成形极限及产品质量和精度，同时提高模具的寿命；并为管材在脉动液压胀形时的理论分析及模拟提供精确的材料模型及摩擦模型，为推广和应用脉动液压胀形技术提供科学依据和技术支撑。

1.3 镁合金板液压胀形技术

镁合金由于具有密度低、比强度和比刚度高、电磁屏蔽效果好、抗振减振能力强及易于回收再利用等优点，被誉为是21世纪最具发展前途的金属材料[58,59]。随着现代工业对“轻量化”零件的需求，镁合金零件在航空、航天、汽车、3C产品以及军工等领域得到广泛的应用。

镁合金为密排六方结构，在常温下的延伸率一般小于20%，塑性变形能力较差，很难得到较高的极限拉深比。相比之下，在高温下的成形性能却接近钢板、铝板等在室温下的成形性能，因此，镁合金板的热成形成为研究主流[60~64]。但是，热成形工艺加工出的镁合金零部件存在组织疏松、表面氧化等缺陷，而且存在成形装置复杂，温度精确控制困难，生产效率低，能源消耗大等问题[65]。因此，人们探索适合镁合金的冷成形技术。例如，笔者[66]对镁合金AZ31板材进行不同的退火热处理后，再进行室温冷拉深试验，并借助模拟技术对拉深变形过程进行分析，比较合理地解释了拉深过程中的载荷特点、破裂形态、极限拉深比、各向异性现象、厚度分布规律。日本学者Mori等[67]对AZ31镁合金的筒形件和矩形件的冷拉深变形特点进行了研究，分析了润滑条件、模具间隙等对板材成形性的影响规律。

与传统成形方法相比，液压胀形能提高板材的成形性[68,69]。镁合金板的液压胀形技术也引起了人们的关注[70]。2009年，王冬梅[71]对AZ31B镁合金盒形件的充液拉深成形过程进行了模拟分析，提出了比较合理的液压加载方式、最大液压力等参数。2009年，毛献昌等[72,73]分别采用机械-液压拉深和径向推力充液拉深方法对AZ31B镁合金板进行了试验研究，如图1-6、图1-7所示。研究结果表明，相比机械-液压拉深，采用径向推力充液拉深方法获得的试件具有更加均匀的壁厚和更大的极限拉深高度。2013年，毛献昌等[74]对AZ31B镁合金板方形件的液压拉深过程进行模拟分析，研究了在分块压边条件下，压边力加载方式、拉深速度、液压力等工艺参数对镁合金方形件的壁厚差值和最小壁厚值的影响规律。2014年，毛献昌等[75]对AZ31B镁合金方形件的液压胀形过程进行了模拟分析。对比分析了整体式压边和分块式压边条件下的液压胀形效果及壁厚分布规律。研究结果表明：与整体式压边相比，采用分块式压边能有效地改善AZ31B镁合金方形件的壁厚均匀性，提高其成形质量。2017年，毛献昌等[76] 对AZ31B镁合金板的液压胀形过程进行了模拟和试验研究。分析液压拉深试件的壁厚分布，探讨了液压力、压边力、凸模圆角半径等对试件的壁厚差的影响。

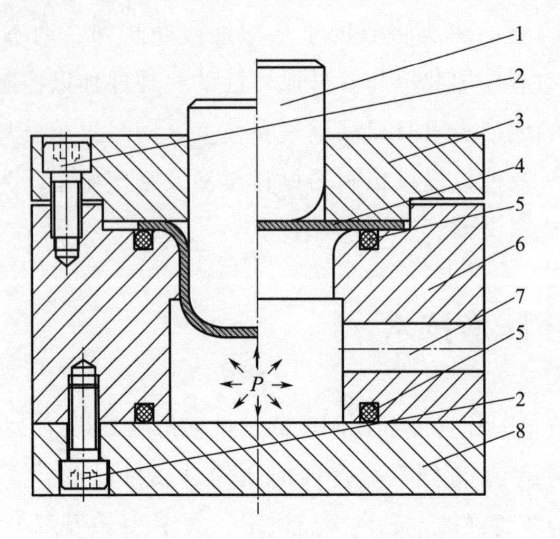

图1-6 AZ31B镁合金板的机械-液压拉深装置

1—凸模；2—内六角螺钉；3—压边圈；4—板材；5—O形密封圈；6—凹模；7—通液孔；8—底板

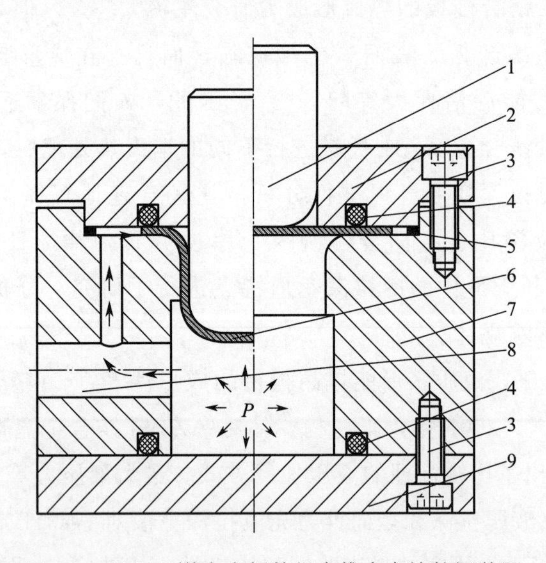

图1-7 AZ31B镁合金板的径向推力充液拉深装置

1—凸模；2—压边圈；3—螺钉；4，5—O形密封圈；6—板材；7—凹模；8—通液孔；9—底板

此外，一些学者探索了镁合金板的温热液压胀形技术。周丽新等[77] 采用阶段温热液压胀形镁合金盒形件，分析了毛坯尺寸、成形步数、液压力加载方式对镁合金试件的壁厚均匀性和极限成形高度的影响规律，指出阶段温热液压胀形可以显著提高镁合金试件的壁厚均匀

性和极限成形高度。郑文涛等[78] 对镁合金手机壳的温热液压胀形过程进行试验和模拟研究，其采用的成形原理如图 1-8 所示。研究结果表明，在最大液压力为 5MPa 和温度为 170℃条件下，温热液压胀形方法可以一次成形数码相机外壳、汽车反光镜等复杂形状的镁合金零件。张志远等[79] 提出，对镁合金板进行温热液压胀形时，通过合理控制板材法兰部分的加热和筒壁部分的冷却模式，使板材在拉深时具有理想的温度梯度，则可以显著提高拉深比。

在板材液压胀形过程中，液压加载方式对成形性有显著的影响[80]。目前，对于镁合金板的液压加载方式的研究还比较少，多数是以一种自然增长的方式加载液压。研究表明，脉动液压加载是一种能有效提高管材成形性的方法[81]。采用脉动液压加载方式对镁合金板进行胀形，其变形规律及成形性必然与常规的液压胀形不同。笔者[82,83] 对 AZ31B 镁合金板的脉动液压胀形过程进行了比较系统的研究。

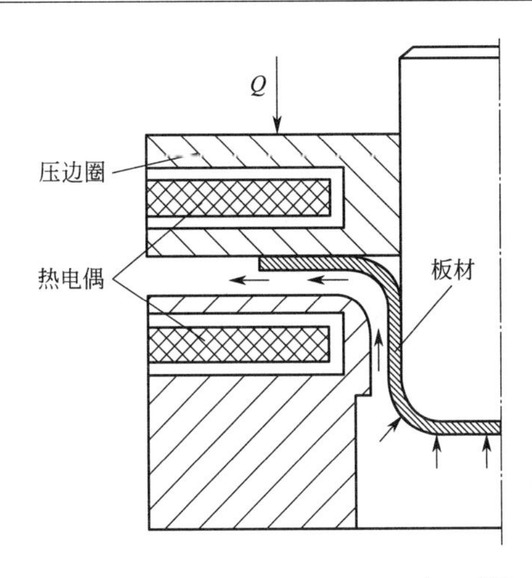

图 1-8 镁合金板温热液压胀形示意图[78]

第2章

脉动液压胀形试验系统

2.1 概述

本章首先介绍脉动液压加载曲线的基本概念及液压胀形试验中采用的脉动液压加载曲线。其次，介绍自行开发的脉动液压胀形试验系统的组成、工作原理及结构特点。然后，分别介绍所开发的四种液压胀形试验装置：管材自然胀形装置、管材轴压胀形装置、管材径压胀形装置、板材液压胀形装置。最后介绍两类数据采集系统：力和位移检测系统，变形数据采集系统。

2.2 脉动液压加载曲线

液压加载曲线是指在管材液压胀形过程中，成形液压力 P（液体压强）随着胀形时间 t 而变化的曲线，或者随着管端轴向进给量 S（由轴向推力 F_z 而引起）而变化的曲线，如图 2-1 所示。图中，液压力呈现脉动式增加的曲线为脉动液压加载曲线，其中位线（点画线）称为基准液压加载曲线，中位线是一条液压力呈现单调增加的非脉动液压加载曲线，其大小用基准液压力 P_0 来表示。脉动液压加载曲线也可以看成是在基准液压加载曲线上、下波动。其中 ΔP 表示液压力的脉动振幅，即脉动液压加载曲线的中位线与其峰、谷之间的平均值，f 表示脉动频率，T 表示脉动周期，t 表示胀形时间。

图 2-2 所示为在液压胀形试验中实际采用的脉动液压加载曲线。其中，相对光滑曲线为非脉动液压加载曲线，该曲线有微小波动，这是电动试压泵（参见 2.3.1 节）在产生高压液体过程中液体的波动现象造成的。而实测的脉动液压加载曲线有较大波动，与图 2-1 所示的理想的脉动液压加载曲线存在差异，这可能是由于胀形过程中材料非线性、接触非线性、管材内部残留气体受压缩、弹性密封柱受压缩等因素造成的。

理想的脉动液压加载曲线近似正弦曲线，可表达为

$$P=P_0+\Delta P\sin(2\pi ft) \tag{2-1}$$

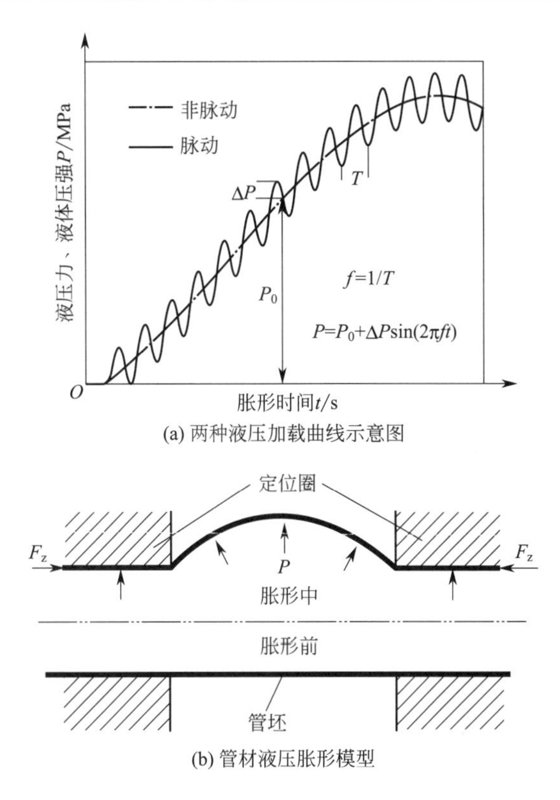

(a) 两种液压加载曲线示意图

(b) 管材液压胀形模型

图 2-1　液压加载曲线及管材脉动液压胀形示意图

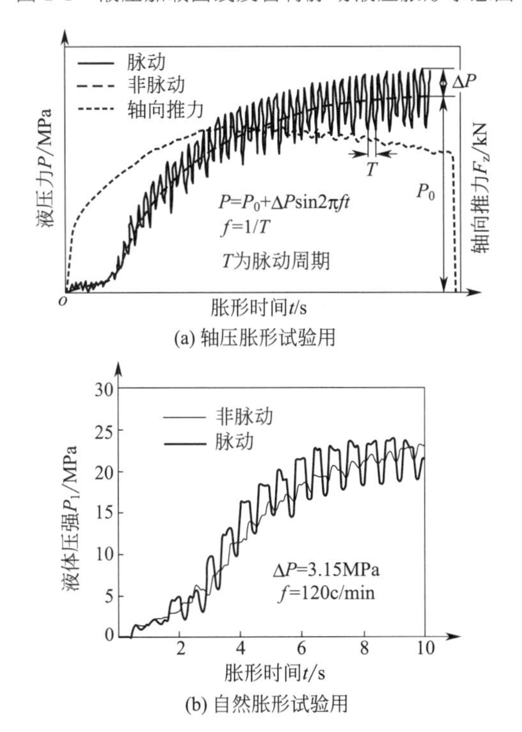

(a) 轴压胀形试验用

(b) 自然胀形试验用

图 2-2　在液压胀形试验中实际采用的脉动液压加载曲线

2.3 液压及脉动产生系统

脉动液压胀形试验系统主要由液压产生系统、脉动产生系统、液压胀形装置和数据采集系统四个部分组成，如图 2-3 所示。液压产生系统提供非脉动的、单调增加的基准液压力 P_0，然后被引导进入脉动产生系统，形成脉动液压力 P。脉动的高压液体被引入液压胀形装置的管材内部，对管材进行液压胀形。

在此试验系统上，可以分别进行脉动、非脉动液压胀形试验。

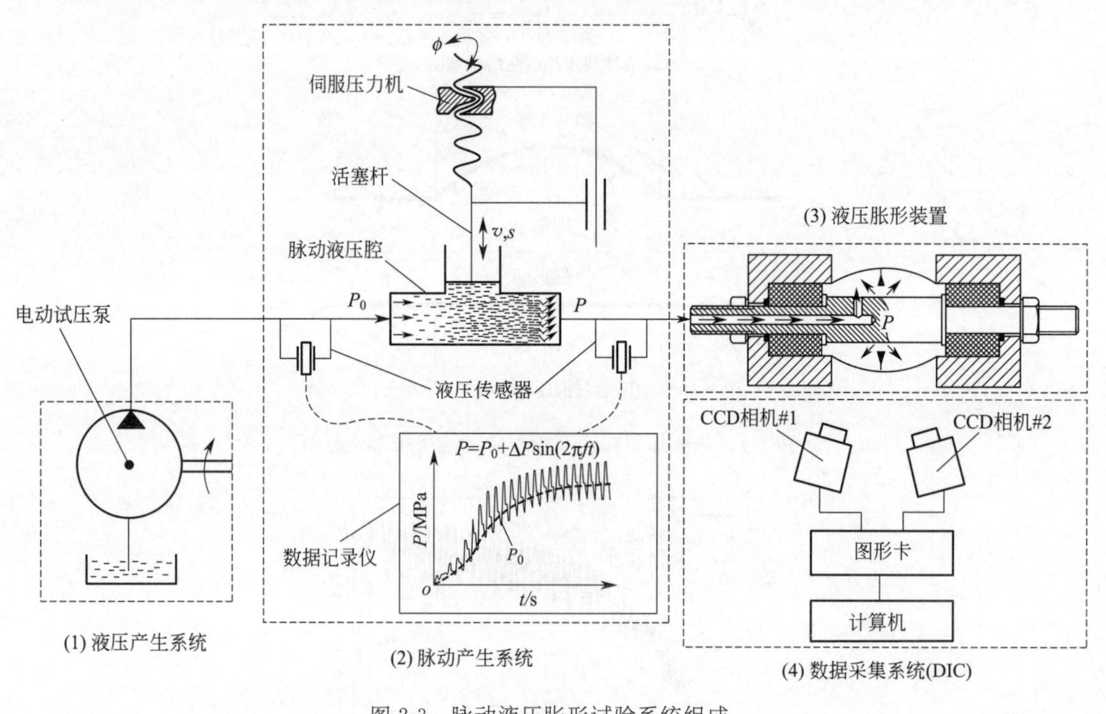

图 2-3 脉动液压胀形试验系统组成

2.3.1 液压产生系统

如图 2-4 所示，液压产生系统主体为一个四缸的电动试压泵，泰州世博机械制造有限公司生产，型号为 4DSY-15/80Z。电动试压泵是一个液压力产生装置，工作液为白色皂化油，其最大输出液压力为 80MPa，电机功率为 1.5kW。高速流量为 15L/h，低速流量为 330～340L/h。该试压泵能提供持续、稳定的液流，输出非脉动、单调增加的基准液压力 P_0（图 2-1），通过电动试压泵的溢流阀可以设定输出恒定液压力和最大液压力，其产生的高压液体进入脉动产生系统。

2.3.2 脉动产生系统

如图 2-4 所示，脉动产生系统主要由伺服压力机、脉动液压腔和活塞杆等构成。

此处采用的伺服压力机是深圳博达兴有限公司生产的精密台式微型伺服冲床，型号为BD-868A，它由交流伺服电机驱动、由可编程控制器（PLC）控制。其额定压力为48kN，滑块速度为0～200mm/s，速度精度为1mm/s，滑块行程为0～80mm，位置精度达到0.01mm。通过其上的液晶屏（LCD）可以预设滑块速度 v 和行程 s 的大小。

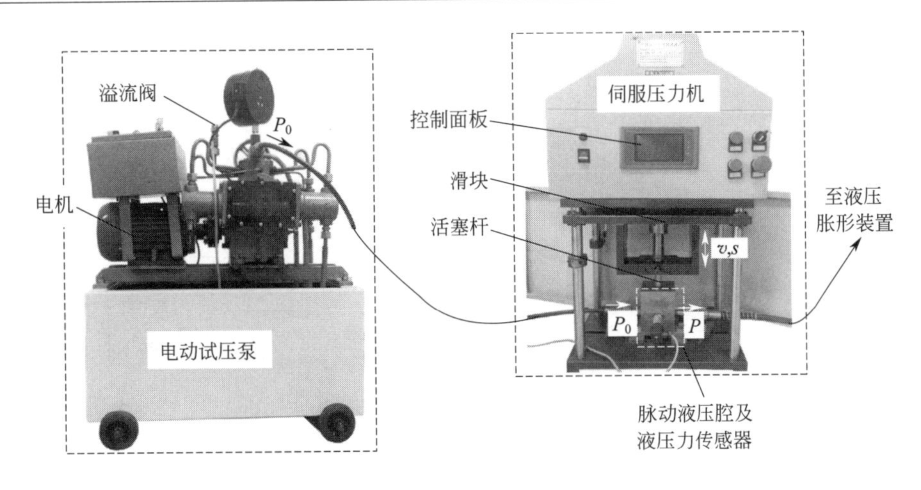

图 2-4　液压产生系统与脉动产生系统

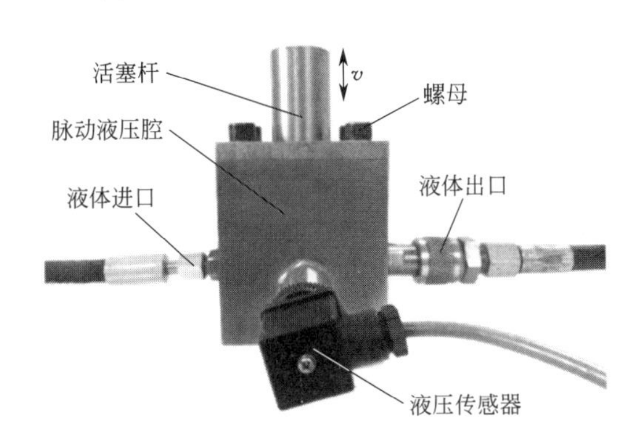

图 2-5　脉动液压腔

如图2-5所示，脉动液压腔类似于一个带有活塞杆的三通腔。脉动液压腔安装在伺服压力机的工作台上，活塞杆上端安装在伺服压力机的滑块上，活塞杆下端插入脉动液压腔中。脉动液压腔左端的液体进口与液压产生系统的输出端连接，而右端的液体出口与液压胀形装置输入端相连。

如图2-6所示，从液压产生系统输出的高压液体（具有基准液压力 P_0），被引导进入安装在伺服压力机上的液压腔内。伺服压力机的滑块带动活塞杆上、下往复运动，撞击液压腔内的液压，使其按一定脉动振幅及频率做脉动变化，形成脉动液压［脉动液压力 $P=P_0+\Delta P\sin(2\pi ft)$］，脉动的液体被引入液压胀形试验装置的管材内。通过在伺服冲压机的控制面板上设定不同的滑块行程 s 和速度 v，即可间接地对液压力的脉动振幅 ΔP 和频率 f 进行调节。

在此试验系统进行脉动液压胀形试验时，液压产生系统、脉动产生系统应处于同步工作状态；而在此试验系统上进行非脉动液压胀形试验时，只要使液压产生系统处于工作状态，而脉动产生系统处于非工作状态，即伺服冲压机的滑块、活塞杆处于静止状态，电动试压泵输出的高压液体直接进入液压胀形试验装置的管材内，管材在单调增加的液压力 P_0 的作用下液压胀形。

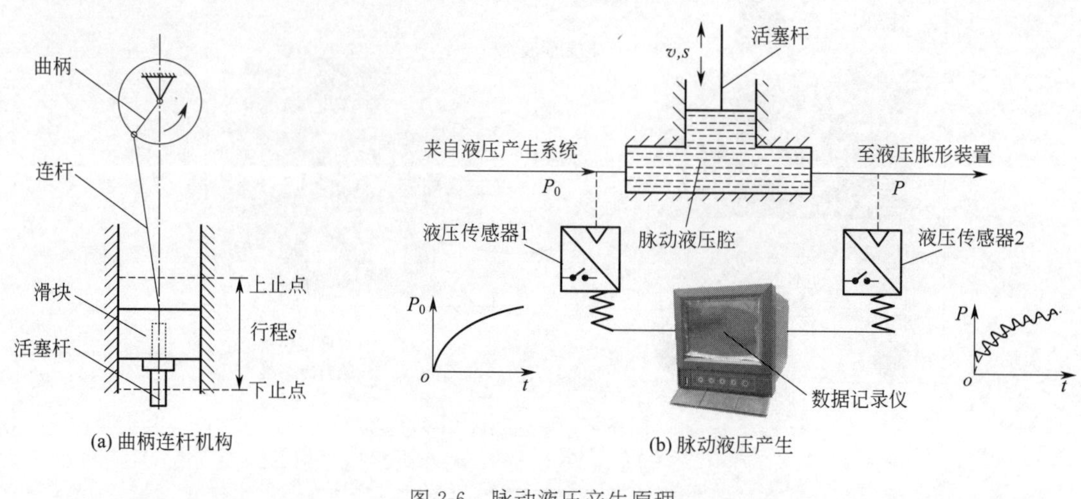

图 2-6　脉动液压产生原理

2.4　液压胀形试验装置

本节介绍四套液压胀形试验装置，分别用于管材自然胀形（Free Hydraulic Bulge，FHB）、管材轴压胀形（Hydro-bugling with Axial Feeding）、管材径压胀形（Tube Hydro-Forming with Radial Crushing，THFRC）和板材液压胀形。

2.4.1　管材自然胀形

管材的自然胀形是指管材仅在内部的成形液压力 P 作用下胀形，无主动的轴向推力。如图 2-7 所示，自然胀形试验装置主要由定位圈、弹性密封柱、空心螺栓、锁紧螺母等组成。管材在两个定位圈中定位，旋紧空心螺栓上的两个锁紧螺母时，空心螺栓压紧管材内部的两个弹性密封柱，对管材两端进行预密封。高压液体经空心螺栓的通液孔进入管材内部，在高压液体的作用下，管材逐渐变形、胀大，弹性密封柱则进一步受到挤压，密封得到加强。在自然胀形过程中，不主动对管材施加轴向推力 F_z，管材仅在内部液压力 P 的作用下逐渐胀大直至破裂。尽管管材两端内、外表面均受到摩擦力的作用，但因无其他约束力，所以可以沿轴向（z 方向）相对“自由”地收缩，从而实现自然胀形。在胀形管件中部最大截面处通常会产生拉-拉应力状态，即周向拉应力 σ_θ，轴向拉应力 σ_φ。

2.4.2 管材轴压胀形

管材的轴压胀形是指管材在内部的成形液压力 P 和主动轴向推力 F_z 的共同作用下的胀形，如图 2-8 所示。假设试件中部胀形区最大截面处的厚向（径向）应力为零，即此处单元体处于平面应力状态。由于轴向推力 F_z 的作用，此处单元体处于拉-压应力状态，即周向拉应力 σ_θ，轴向压应力 σ_φ。通过设置液压力 P 与轴向推力 F_z（或轴向进给量 S）的比值不同，就可以产生大小不同的拉-压应变状态。

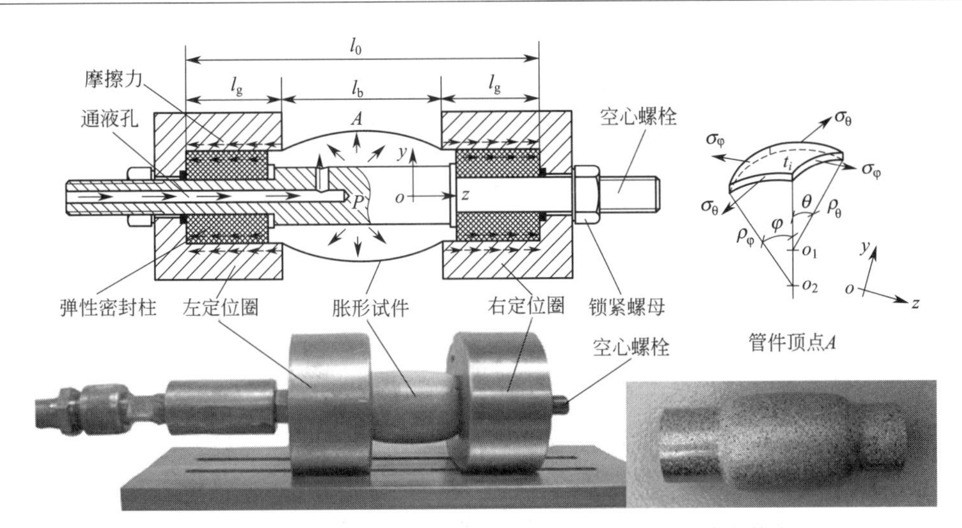

图 2-7 自然胀形试验装置结构及试件最大截面处的应力状态

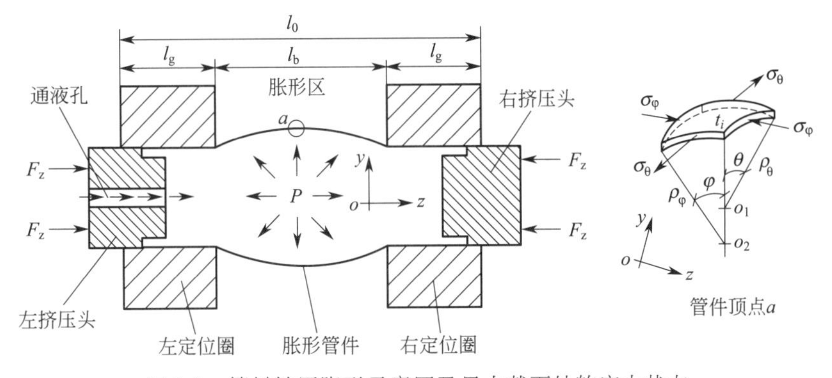

图 2-8 管材轴压胀形示意图及最大截面处的应力状态

图 2-9 为管材轴压胀形试验装置，主要由上模、下模、左挤压头、右挤压头等构成。上、下模闭合后，在上、下模中部即形成了一个无约束的自然胀形区 l_b。而在两端形成圆柱孔，用于对管坯进行定位，并对挤压头进行导向。如图 2-10 所示，轴压胀形试验装置安装于水涨机工作台上，由水涨机的上滑块及工作台来锁紧上、下模，而左、右两个挤压头分别安装于水涨机左、右滑块上，对管材两端进行密封和轴向补料。高压液体经挤压头的通液孔进入管材内部，同时两个挤压头相向运动对管材施加轴向推力 F_z。

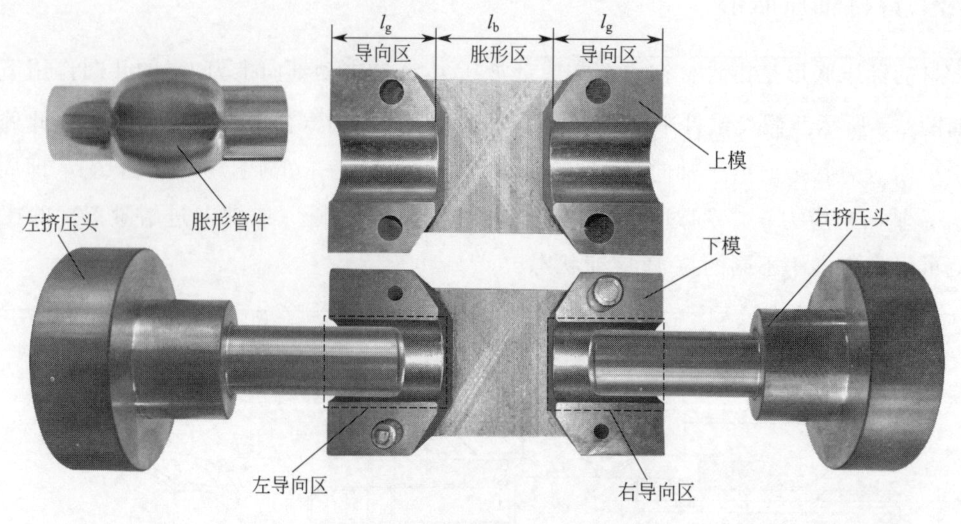

图 2-9　管材轴压胀形试验装置

(a) 水涨机全貌

(b) 水涨机工作台面

图 2-10　安装在水涨机上的管材轴压胀形试验装置

2.4.3 管材径压胀形

管材径压胀形技术是指在内部液压力和外部径向压缩（而非轴向压缩）共同作用下的复合成形，是 Morphy 于 1998 年提出的[84]。

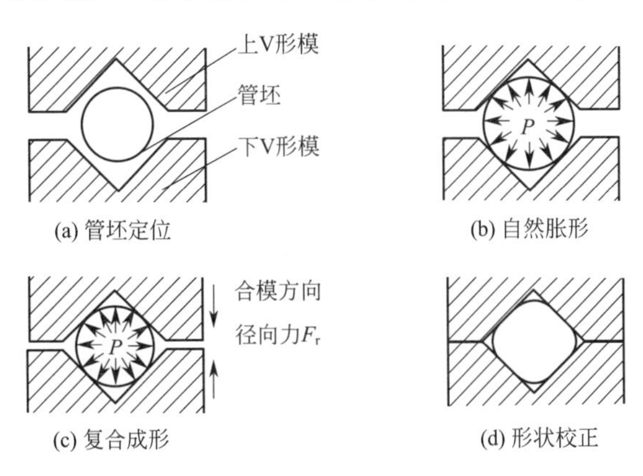

图 2-11　管材径压胀形原理（剖面图）

管材径压胀形的原理如图 2-11 所示。首先，胀形前，上、下 V 形模开启，试件放入上、下 V 形模之间，见图 2-11(a)；其次，试件仅在内部液压力 P 的作用下自然胀形，直到与上、下 V 形模内表面接触为止，见图 2-11(b)；然后，上、下 V 形模沿径向合模，同时继续向试件内输入高压液体，此时试件在液压力 P 和径向力 F_r 的共同作用下复合成形，见图 2-11(c)；最后，当上、下 V 形模完全闭合后，得到相应的截面形状（图示为矩形），胀形结束，见图 2-11(d)。

管材径压胀形试验装置如图 2-12 所示。该试验装置由上 V 形模、下 V 形模、容框、密封组件（两个定位圈、两个弹性密封柱、一个空心螺栓、管接头、垫圈及螺母等）等组成。

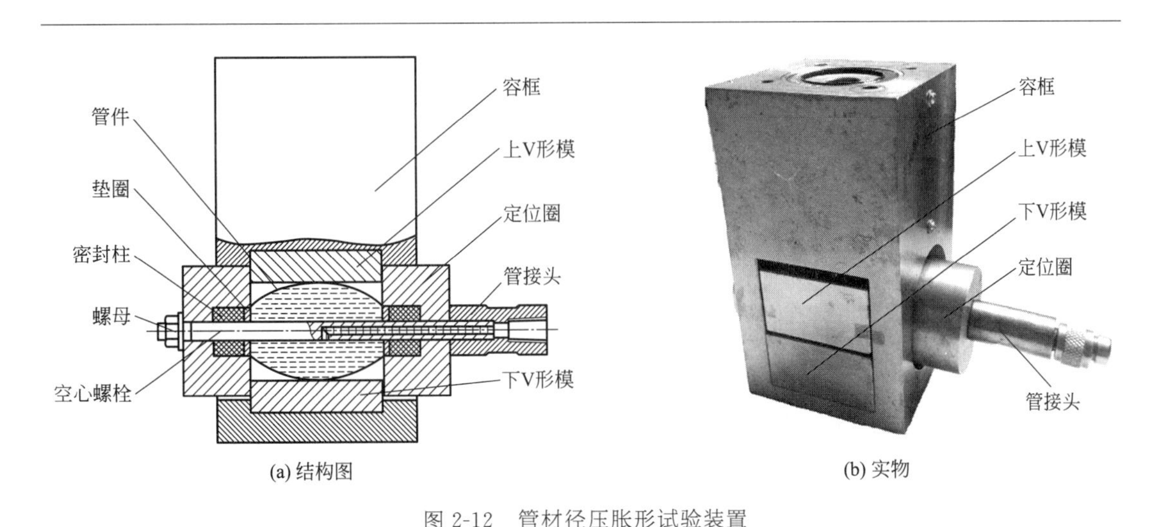

图 2-12　管材径压胀形试验装置

密封原理如下：在管坯两端内部放置好密封柱，然后一起放置于左、右定位圈中，空心螺栓将管坯、定位圈、密封柱连接在一起。然后，旋紧管接头及螺母，使管坯内部两端的弹性密封柱膨胀而挤紧管坯内表面，对管坯实现初始密封。在径压胀形过程中，由于液压力 P 作用在垫圈上，使密封柱继续膨胀，从而实现对两管端的牢固密封。

管材径压胀形试验装置是安放在 WE-600 万能材料试验机工作平台面上的，如图 2-13 所示。该试验机的主要技术参数如下：油泵功率为 1.5kW，试验台上升速度约为 120mm/min，最大试验力为 600kN，下钳口升降速度约为 120mm/min，最小刻度值为 0.5kN，压缩面间距为 0～300mm。

管材径压胀形试验过程如下：管坯放在两个定位圈之间，对管坯实现初始密封；然后放于万能材料试验机工作平台面上；将液压产生系统、脉动产生系统产生的高压液体引入管材径压胀形试验装置中；万能材料试验机的滑块向下运动，上、下 V 形模同时逐渐闭合，对管材产生径向压缩变形，同时在内部高压液体作用下，管材逐渐变形。

(a) WE-600万能材料试验机

(b) 安放在试验机上的试验装置

图 2-13　管材径压胀形试验平台

2.4.4　板材液压胀形

板材脉动液压胀形原理如图 2-14 所示。液压腔内先充满工作液。两个活塞杆 S_1 和 S_2 与外部动力系统连接（图中未画出）。外力推动活塞杆 S_1 做匀速进给运动，挤压液压腔中的液体，产生单调增大的液压力 P_1；同时，通过凸轮机构（未画出）推动活塞杆 S_2 做周期性地往复运动，也挤压液压腔中的液体，使之产生交替变化的脉动液压力 P_2。这样，在液压腔内的液压力呈现脉动式增大，板材在此脉动液压力的作用下逐渐胀高。通过控制两个活塞杆协调运动，使两个液压力 P_1 和 P_2 相互叠加，即可得到逐渐增大的脉动液压力 P，如图 2-15 所示。

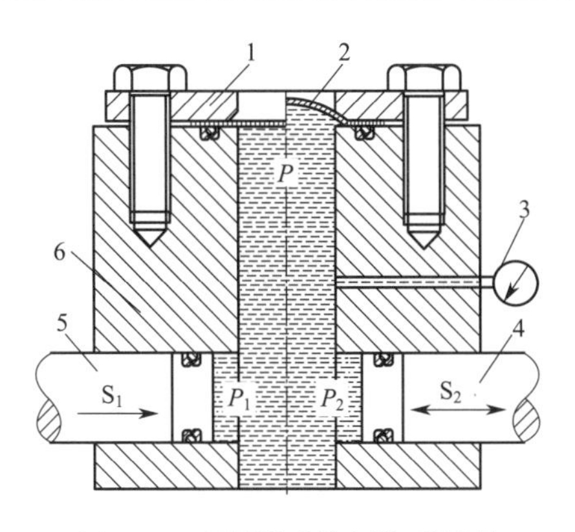

图 2-14 板材脉动液压胀形原理

1—压边圈；2—板材；3—压力表；4—活塞杆 S_2；5—活塞杆 S_1；6—液压腔

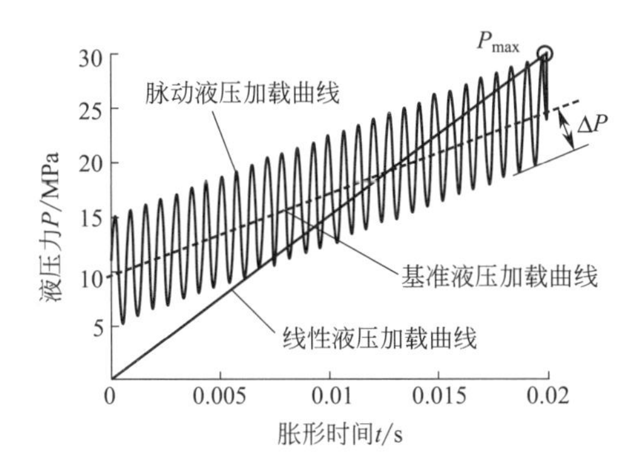

图 2-15 叠加产生的脉动液压力

板材脉动液压胀形试验装置如图 2-16 所示。该试验装置主要由减速器、凸轮机构、液压腔、活塞杆、压边圈、溢流阀、压力表等组成，全部安装在底板上。

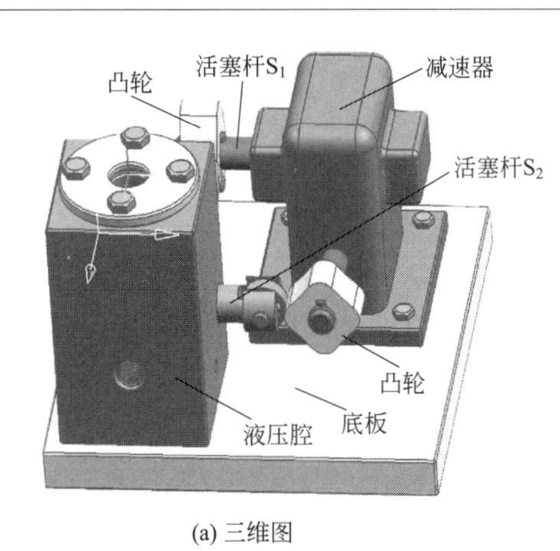

(a) 三维图

减速器
活塞杆S_2
凸轮
液压腔
螺钉
凸轮
活塞杆S_1
底板

(b) 实物

图 2-16 板材脉动液压胀形试验装置

减速器经由凸轮机构为两个活塞杆的运动提供动力，通过调整减速器的转速来控制活塞杆 S_1 的进给速度，从而获得不同的脉动频率。通过多个不同形状及尺寸的凸轮机构，可以控制活塞杆 S_2 往复运动的距离，从而获得不同的脉动振幅。压边圈起两个作用：一是通过四个均匀分布的螺钉对板坯施加合适的压边力；二是压边圈的中间通孔起着凹模的作用。

在此装置上，既可以进行线性液压加载试验，也可以进行脉动液压加载试验。仅使活塞杆 S_1 运动而令活塞杆 S_2 静止不动时，即实现线性液压加载；若两者均动作，则可实现脉动液压加载。

2.5 数据采集系统

数据采集系统主要由液压传感器、三个力传感器、一个位移传感器、一台数据记录仪、变形数据采集系统组成。上述液压传感器与三个力传感器均连接到一台数据记录仪上。

2.5.1 力和位移检测

液压传感器的生产厂家为杭州美控自动化技术有限公司，型号为 MIK-P300，量程为 0～100MPa，精度为满量程的±0.2%。两个液压传感器分别安装在脉动液压腔进、出口处，实时（采集周期 $T=0.1$s）采集液压产生系统、脉动产生系统输出的基准液压力 P_0 和脉动液压力 P 的数值，如图 2-6 所示。

力传感器和位移传感器分别检测挤压头对试件施加的轴向推力 F_z 和轴向进给量 S。其中，力传感器为北京中航蓝科自动化设备有限公司生产的 CXH-125 膜盒式传感器，抗偏载性能好，量程为 0～50kN，精度为满量程的±0.3%。这些传感器全部连接到数据记录仪上，检测的数据均在数据记录仪中显示和存储。

该数据记录仪为杭州联测自动化技术有限公司生产的 Sinomeasure SIN-R5000D 无纸记录仪，如图 2-17 所示。精度为满量程的±0.2%，可用于高速采集、显示和存储管材液压胀形过程中的各类数据。

2.5.2 变形数据采集

液压胀形试验中，应用高速三维数字散斑动态应变测量分析系统（Hi-Speed 3D Digital Image Correlation System，简称“DIC 高速散斑机”）实时采集胀形试件的变形数据。该系统是一种光学的、非接触式的三维形变与应变测量分析系统，可以实时采集静态及动态加载下物理试件上的变形及应变数据，是西安交通大学模具与塑性加工研究所开发的。该系统由两台 CCD 相机、LED 灯、控制箱、计算机和三脚架等组成，如图 2-18 所示，其主要技术参数如表 2-1 所示。

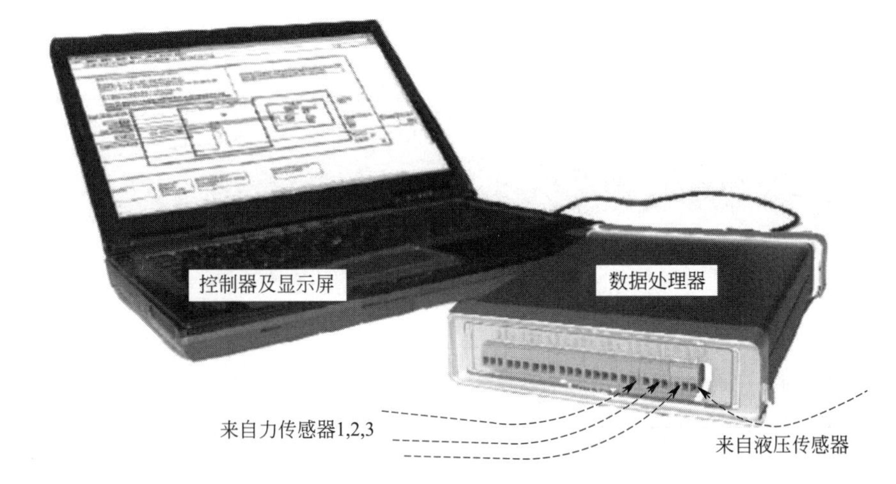

图 2-17　Sinomeasure SIN-R5000D 无纸记录仪（数据记录仪）

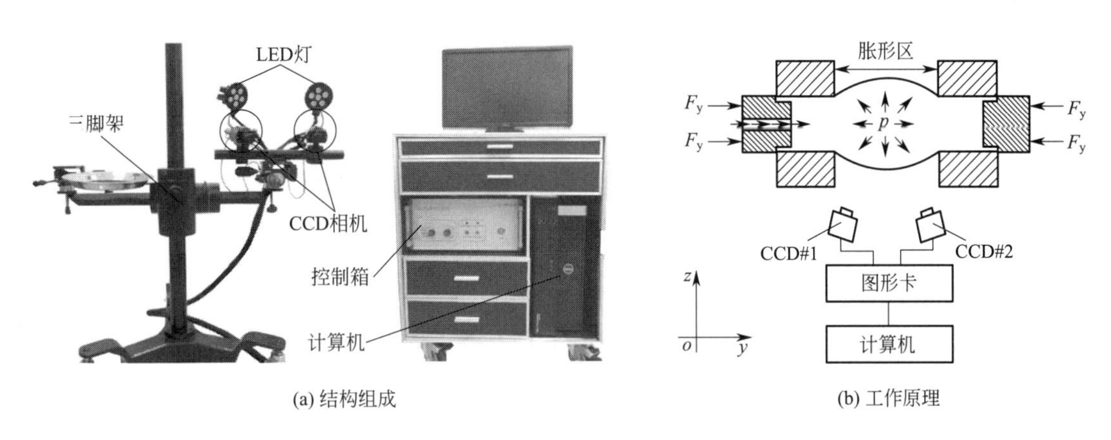

图 2-18　DIC 高速散斑机系统组成

表 2-1　DIC 高速散斑机的技术参数

指　　标	数值	指　　标	数值
应变测量范围	0.02%～500%	变形测量精度	0.01mm
应变测量视场面积	10mm～5m	变形图像点识别精度	0.02 像素
应变测量精度	0.02%	高速相机像素	222 万像素
应变图像匹配精度	0.01 像素	高速相机帧频	340 帧

胀形前，先在管坯外表面上制作白色底纹和黑色斑点，形成无规律的散斑云图，如图 2-19 所示。在管材液压胀形过程中，两台 CCD 相机对准试件的胀形区，实时、高速采集试件变形过程中各时刻的散斑云图像（变形图像）。液压胀形试验结束后，利用图像算法对胀形试件表面的散斑图像进行分析，如图 2-20 所示。通过计算得到胀形各时刻的试样轮廓的三维点坐标、应变值及壁厚，以及试样破裂时的极限应变等数据。

(a) 胀形前管坯

(b) 喷上白色底纹后

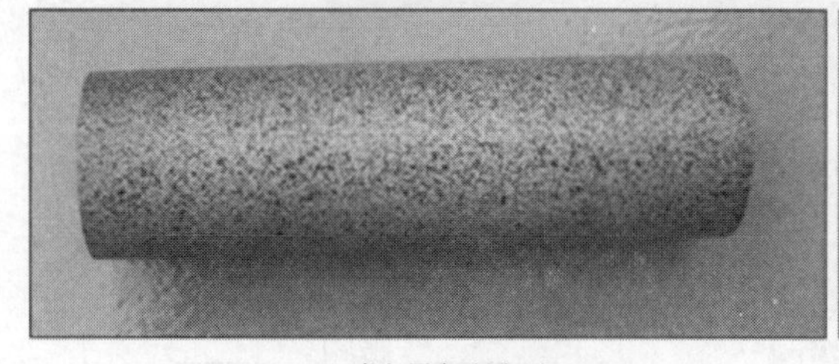

(c) 喷上黑色斑点后

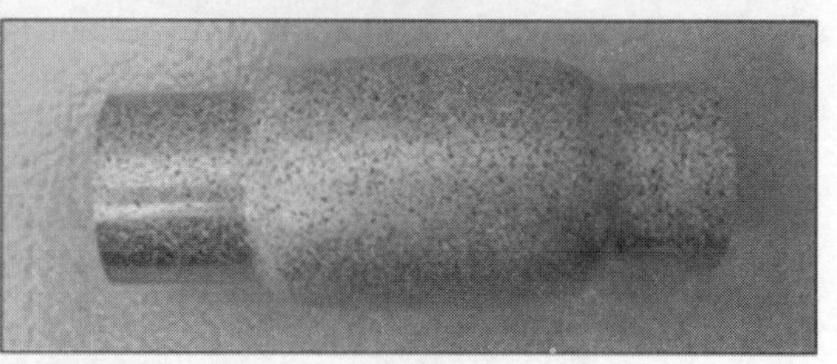

(d) 胀形后的散斑场

图 2-19　管材液压胀形前后的表面形态

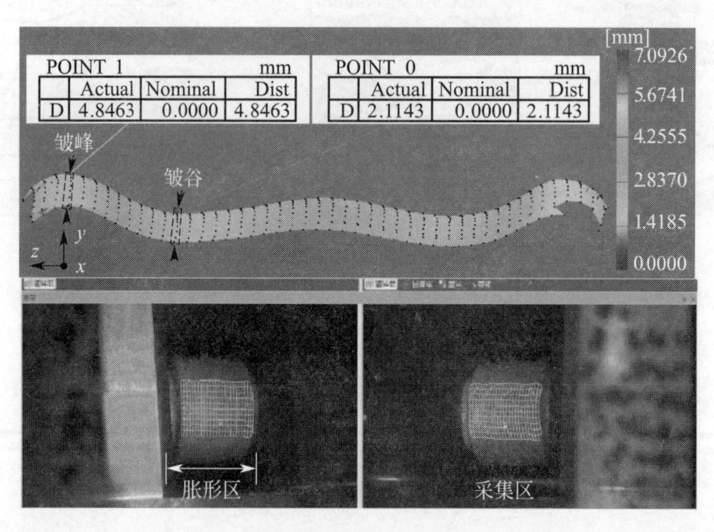

图 2-20　试件表面的散斑图像分析界面

关于该系统的工作原理及测量方法，参见文献［85］。

本章小结

脉动液压加载曲线是指成形液压力 P 随着胀形时间 t 或者管端轴向进给 S 而呈现脉动式变化的曲线。理想的脉动液压加载曲线近似正弦曲线，可用式(2-1) 来表达。其基本参数有基准液压力 P_0，脉动振幅 ΔP 及频率 f。

开发了脉动液压胀形试验系统，由液压产生系统、脉动产生系统、液压胀形试验装置和数据采集系统四个部分构成，如图 2-3 所示。其中由电动试压泵产生非脉动、单调增

加的基准液压力 P_0。而脉动产生系统主要由伺服压力机、脉动液压腔和活塞杆等构成。通过在伺服冲压机的控制面板上设定不同的滑块行程 s 和速度 v，即可间接地设定液压力的脉动振幅 ΔP 和频率 f。这种脉动液压产生的方法获得了国家授权发明专利（专利号ZL201110101346.7）。

开发了四种简便、实用的脉动液压胀形试验装置：管材自然胀形试验装置、管材轴压胀形试验装置、管材径压胀形试验装置、板材液压胀形试验装置。其中管材自然胀形试验装置获得了国家授权发明专利（专利号 ZL 200810073612.8），而管材径压胀形装置获得了国家实用新型专利授权（专利号 ZL 200820113486.X）。

应用所开发的脉动液压胀形试验系统，可以分别进行脉动、非脉动液压胀形试验。

液压胀形试验中采用的变形数据采集系统（DIC）为高速三维数字散斑动态应变测量分析系统。该系统是一种光学、非接触式的三维形变与应变测量分析系统，可以方便地实时采集液压胀形试件上的变形及应变数据。

第3章

管材脉动液压胀形的变形规律

3.1 概述

液压加载方式对管材的变形规律有重要影响，合理的液压加载方式有利于提高材料的成形性。与非脉动液压胀形相比管材脉动液压胀形的变形规律是不同的。并且在脉动液压胀形中，采用不同的脉动液压参数（液压力的脉动振幅及频率），管材的变形规律可能也不尽相同。本章基于SS304不锈钢管材（外径32mm，壁厚0.6mm，长度100mm）在脉动、非脉动液压胀形试验（详情参见第8.5节）中的变形数据，对比分析两种液压加载方式下胀形试件的轴向壁厚分布、最大减薄率、轴向轮廓形状、最大胀形高度、应变变化规律，来反映管材的成形性；并分析脉动液压参数（液压力的脉动振幅及频率）对管材成形性的影响规律[86,87]。

3.2 轴向壁厚分布及最大减薄率

如图3-1所示，胀形试件轴向轮廓上有三个位置点，中截面a点为轴向轮廓最高点，也

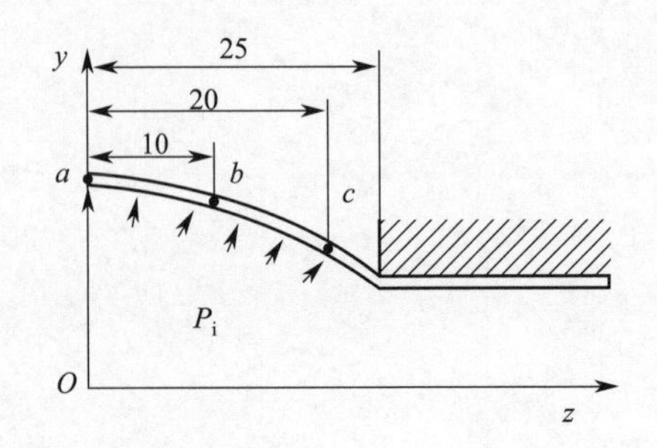

图3-1 胀形试件轴向轮廓上的三个位置点

是最小壁厚的位置点。图中的 b、c 两点位于轴向轮廓不同位置上，距离中截面 a 点分别为 10mm 和 20mm。本小节将分析对比这几个点的壁厚值，从而总结出脉动液压参数对壁厚均匀性及最大减薄率的影响规律。

3.2.1 轴向壁厚分布

如图 3-2、图 3-3 所示，反映出液压加载方式对试件破裂时的轴向壁厚分布的影响。从两图均可以看出，无论哪一种液压加载方式下，试件中截面 a 点的壁厚值最小，沿管端方向（轴向）的壁厚值逐渐增大；在同一轴向位置处（即 z 坐标相同时），与非脉动液压胀形相比，脉动液压胀形时得到的壁厚更小，即壁厚减薄更严重。如表 3-1 所示，可以明显地看出轴向壁厚及减薄率的分布及变化情况。

表 3-1 试件破裂时轴向轮廓上的三个位置点的壁厚值及相对管坯初始壁厚的减薄率

在胀形区上的位置	壁厚/mm	减薄率 δ/%
a（z＝0mm）	0.397/0.484	33.8/19.3
b（z＝10mm）	0.412/0.496	31.3/17.2
c（z＝20mm）	0.426/0.521	29.0/13.1

注：减薄率 $\delta=(t_0-t)/t_0\times100\%$。符号“/”前、后的数值为脉动液压（$\Delta P=3.92$MPa 和 $f=2.1$c/s）、非脉动液压胀形后的数值。

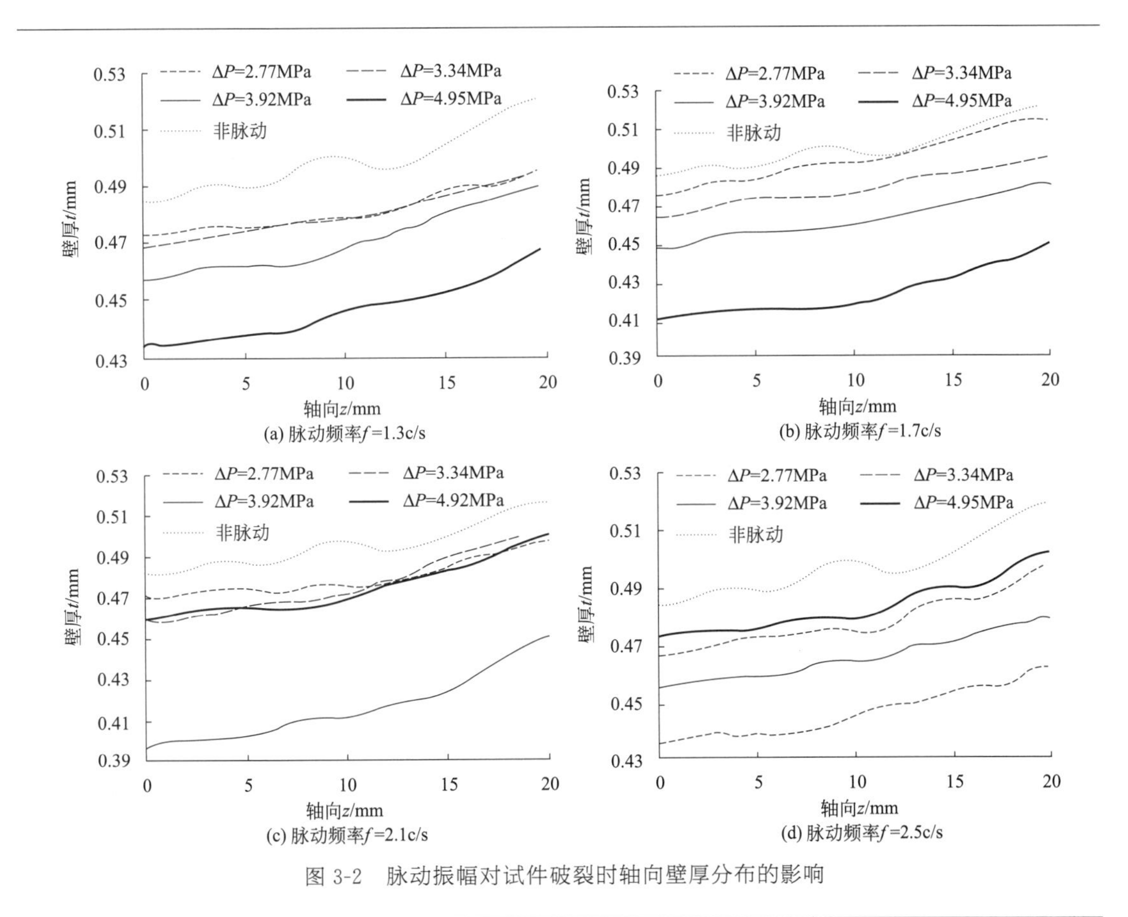

图 3-2 脉动振幅对试件破裂时轴向壁厚分布的影响

如图 3-2、图 3-3 所示的最低位置曲线，反映出试件破裂时的轴向壁厚值最小、壁厚减薄最严重的情况。从图 3-2 可以看出，随着脉动频率的增大（从=1.3c/s 升到 f=2.5c/s），最低位置曲线对应的脉动振幅 ΔP 分别是 4.95MPa、4.95MPa、3.92MPa 及 3.34MPa。从图 3-3 可以看出，随着脉动振幅 ΔP 的增大（从 2.77MPa 升到 4.95MPa），最低位置曲线对应的脉动频率 f 分别是 2.5c/s、2.5c/s、2.1c/s 及 1.7c/s。也就是说，试件破裂时壁厚减薄最严重的液压加载条件是：若要增大脉动振幅，则应降低脉动频率，反之亦然。

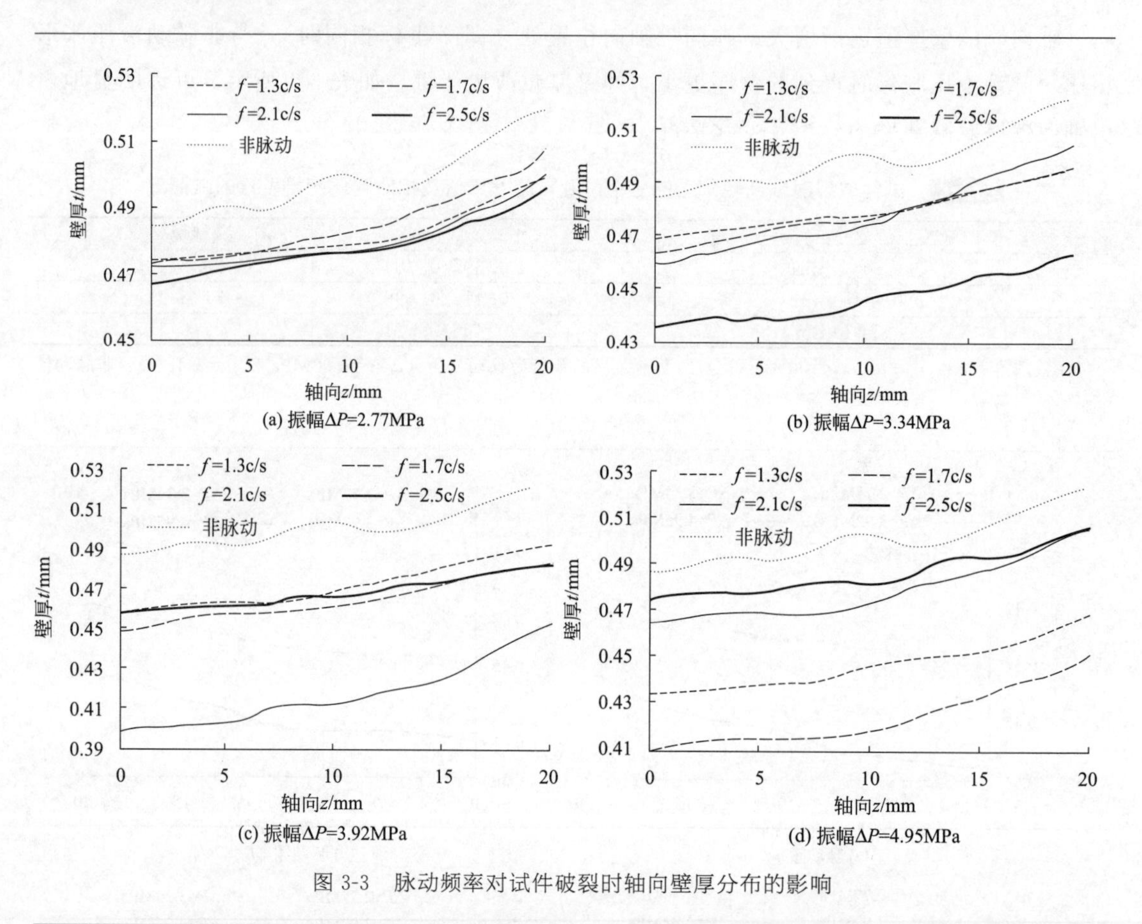

图 3-3 脉动频率对试件破裂时轴向壁厚分布的影响

如图 3-4 所示的壁厚偏差率（壁厚相对偏差），反映出脉动液压胀形与非脉动液压胀形后试件轴向壁厚分布的均匀情况。从图 3-4 可以看出，与非脉动液压胀形相比，脉动液压胀形时，轴向位置上 b 点和 c 点相对 a 点的壁厚相对偏差更小，这说明脉动液压加载能使壁厚分布更均匀。

表 3-2 反映出脉动液压参数对轴向轮廓上 a 点与 c 点的壁厚差值的影响情况。该差值越小，表示胀形后试件的轴向壁厚越均匀。可以看出，与非脉动液压胀形相比，脉动液压胀形时这两点的壁厚差值更小，这说明脉动液压加载能使壁厚分布更均匀。另外，在脉动液压加载方式下，在脉动振幅较小的情况下（ΔP 为 2.77MPa 和 3.34MPa），脉动频率最小（f=1.3c/s）时，壁厚差值最小，即轴向壁厚最均匀。而在脉动振幅较大的情况下（ΔP 为

3.92MPa 和 4.95MPa），脉动频率最大（$f=2.5$c/s）时，壁厚差值最小，即轴向壁厚最均匀。

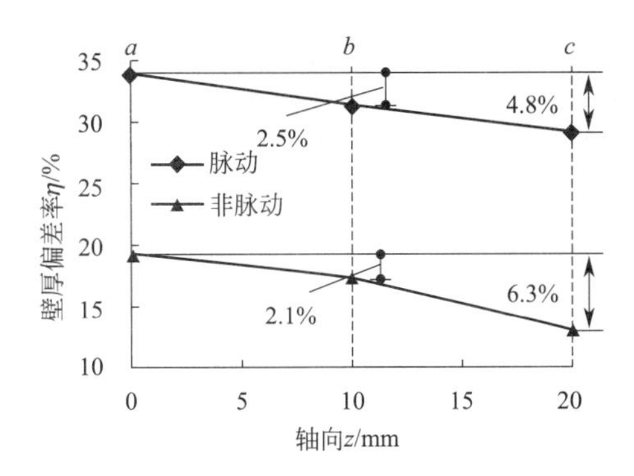

图 3-4 试件破裂时不同轴向位置的壁厚偏差率（相对 a 点，$\Delta P=3.92$MPa 和 $f=2.1$c/s）

表 3-2 试件破裂时轴向轮廓上 a 点与 c 点的壁厚差值 Δt mm

频率 f/(c/s)	$\Delta P=2.77$/MPa	$\Delta P=3.34$/MPa	$\Delta P=3.92$/MPa	$\Delta P=4.95$/MPa	非脉动
1.3	**0.025**	**0.027**	0.033	0.033	0.037
1.7	0.035	0.032	0.034	0.035	0.037
2.1	0.028	0.033	0.029	0.036	0.037
2.5	0.029	**0.027**	**0.024**	**0.029**	0.037

3.2.2 最大减薄率

如表 3-3 所示，与非脉动液压胀形相比，脉动液压加载方式下试件破裂时最小壁厚更小、最大减薄率更大。在脉动液压胀形时，当脉动振幅较小（ΔP 为 2.77MPa 和 3.34MPa）时，随着脉动频率的增大，则最小壁厚逐渐减小，壁厚减薄率逐渐增加；但当脉动振幅较大（ΔP 为 3.92MPa 和 4.95MPa）时，却不再呈现这样的变化规律，而是在当脉动振幅及频率为某种组合时，即 $\Delta P=2.77$MPa 和 $f=2.5$c/s，$\Delta P=3.34$MPa 和 $f=2.5$c/s，$\Delta P=3.92$MPa 和 $f=2.1$c/s，$\Delta P=4.95$MPa 和 $f=1.7$c/s 时，最小壁厚达到最小值、最大减薄率达到最大值。

表 3-3 试件破裂时最小壁厚、最大减薄率及壁厚偏差率

频率 f/(c/s)	最小壁厚 t_{min}/最大减薄率 δ_{max}/壁厚偏差率 η				
	$\Delta P=2.77$MPa	$\Delta P=3.34$MPa	$\Delta P=3.92$MPa	$\Delta P=4.95$MPa	非脉动
1.3	0.475/20.8/1.9	0.468/22/3.3	0.455/24.2/6.0	0.433/27.8/10.5	0.484/19.3/—
1.7	0.473/21.2/2.3	0.463/22.8/4.3	0.446/25.7/7.9	**0.409/31.8/15.4**	0.484/19.3/—

续表

频率 f /(c/s)	最小壁厚 t_{min}/最大减薄率 δ_{max}/壁厚偏差率 η				
	$\Delta P=2.77$MPa	$\Delta P=3.34$MPa	$\Delta P=3.92$MPa	$\Delta P=4.95$MPa	非脉动
2.1	0.472/21.3/2.5	0.459/23.5/5.2	**0.397/33.8/18**	0.460/23.3/4.9	0.484/19.3/—
2.5	**0.468/22/3.3**	**0.436/27.3/9.9**	0.456/24/5.8	0.473/21.2/2.3	0.484/19.3/—

注：最大减薄率 $\delta=(t_0-t)/t_0\times100\%$，壁厚偏差率 $\eta=(t_{非脉动}-t_{脉动})/t_{非脉动}\times100\%$。符号“/”最前列数据为最小壁厚值，单位是 mm，中间列数据为最大减薄率，单位是%，最后列数据为脉动液压胀形相对于非脉动液压胀形时的壁厚偏差率，单位是%。

3.3 轴向轮廓形状及最大胀形高度

图 3-5、图 3-6 所示为不同脉动液压加载方式下试件破裂时轴向轮廓形状。与非脉动液压胀形相比，脉动液压胀形时试件的轴向轮廓曲线位置更高，即胀形程度更大。在脉动液压胀形时，当脉动振幅较小时（例如 ΔP 为 2.77MPa 和 3.34MPa），随着脉动频率的增大，轴向轮廓曲线位置相应升高；但当脉动振幅较大（ΔP 为 3.92MPa 和

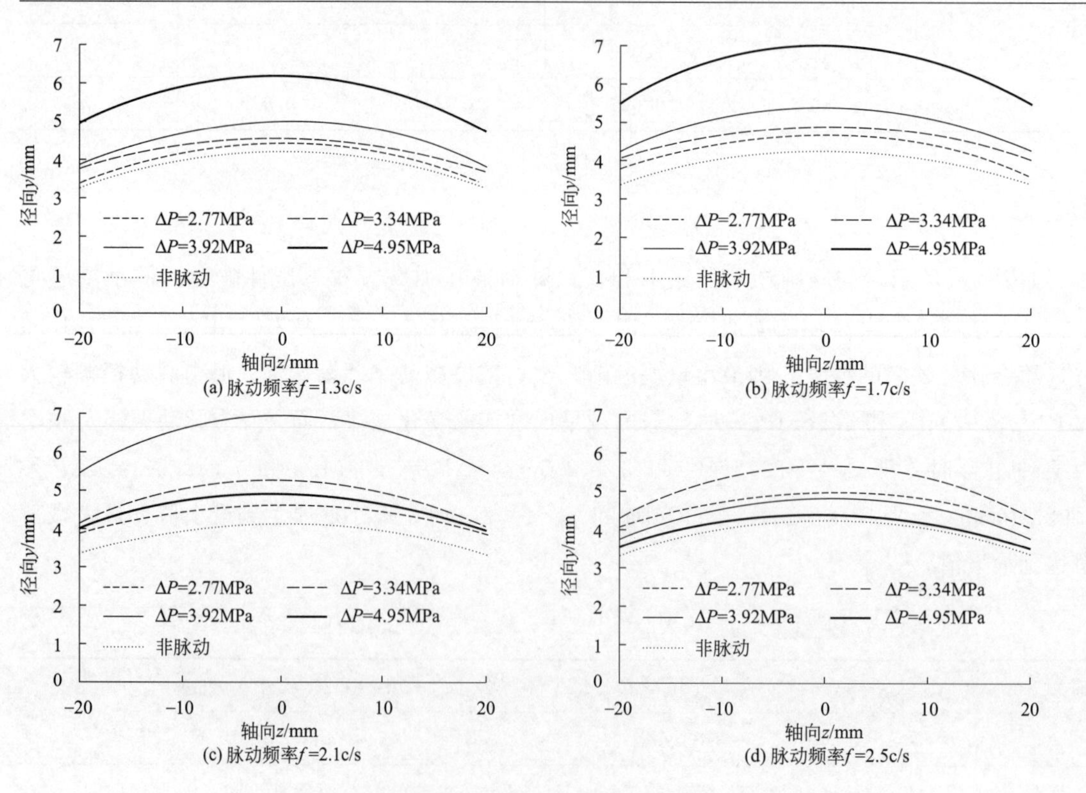

图 3-5 脉动振幅对试件破裂时轴向轮廓形状的影响

4.95MPa）时，却不再呈现这样的变化规律，而是在当脉动振幅及频率为某种组合时，即 $f=2.1\text{c/s}$ 和 $\Delta P=3.92\text{MPa}$，$f=2.5\text{c/s}$ 和 $\Delta P=3.34\text{MPa}$ 时，轴向轮廓曲线位置最高。也就是说，试件破裂时得到最大胀形的液压加载条件是：若要增大脉动振幅，则应降低脉动频率，反之亦然。

如表 3-4 所示，与非脉动液压胀形相比，脉动液压加载方式下试件破裂时最大胀形高度值更大。在脉动液压胀形时，脉动振幅及频率对最大胀形高度值、高度偏差率的影响规律与对轴向轮廓曲线高低位置的影响规律是一致的。

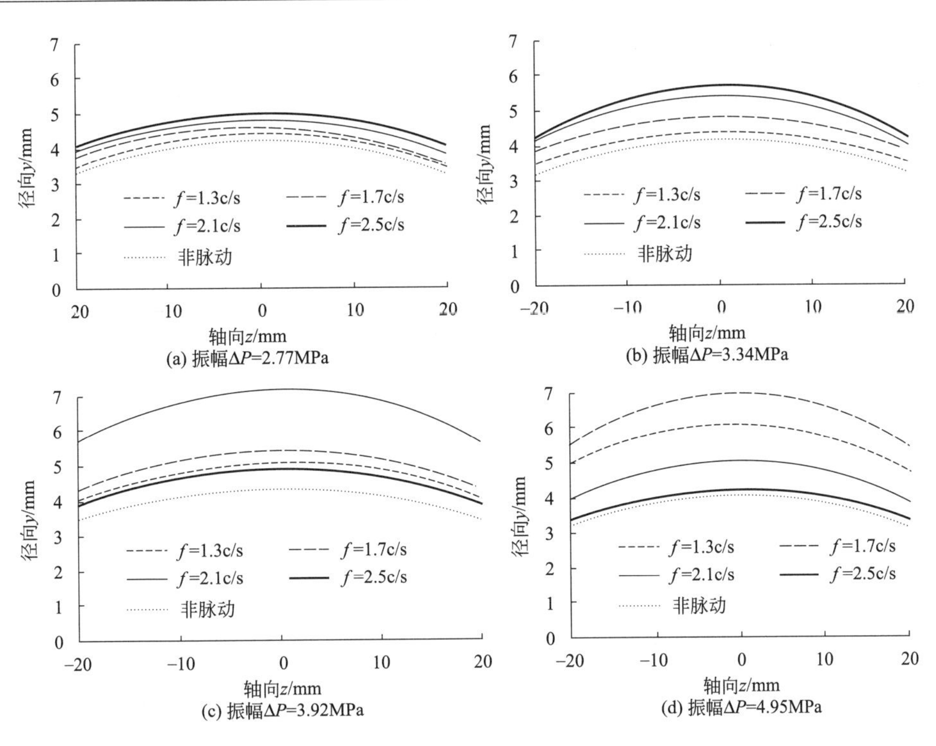

(a) 振幅ΔP=2.77MPa

(b) 振幅ΔP=3.34MPa

(c) 振幅ΔP=3.92MPa

(d) 振幅ΔP=4.95MPa

图 3-6　脉动频率对试件破裂时轴向轮廓形状的影响

表 3-4　试件破裂时最大胀形高度及其高度偏差率

频率 f /(c/s)	最大胀形高度 h_{max}/高度偏差率 η_{hmax}				
	$\Delta P=2.77\text{MPa}$	$\Delta P=3.34\text{MPa}$	$\Delta P=3.92\text{MPa}$	$\Delta P=4.95\text{MPa}$	非脉动
1.3	4.45/6.0	4.56/8.6	4.99/18.8	6.17/46.9	4.20/—
1.7	4.62/10.0	4.87/16.0	5.37/27.9	**7.00/66.7**	4.20/—
2.1	4.75/13.1	5.45/23.5	**7.25/72.6**	5.05/20.2	4.20/—
2.5	**4.99/18.8**	**5.73/27.3**	4.81/14.5	4.35/3.60	4.20/—

注：最大胀形高度偏差率 $\Delta_{hmax}=(h_{脉动}-h_{非脉动})/h_{非脉动}\times100\%$；符号“/”前列数据为最大胀形高度，单位是 mm，其后列数据为脉动液压胀形相对于非脉动液压胀形时的最大胀形高度的偏差率，单位是%。

3.4 应变变化规律

本节对比非脉动液压胀形与脉动液压胀形（$\Delta P=3.92\text{MPa}$ 和 $f=2.1\text{c/s}$）时周向应变及轴向应变的变化规律。

由图 3-7(a) 可以看出，两种液压加载方式下，a、b、c 三点的周向应变均为伸长应变，但数值顺序变小。在同一胀形时刻，脉动液压胀形时产生的周向应变值更大，如表 3-5 所示。

如图 3-7(b) 所示，两种液压加载方式，a、b、c 三点的轴向应变均为压缩应变。在脉动液压胀形时，a 点的轴向应变最小，而 c 点的最大；但在非脉动液压胀形时，却是 c 点的轴向应变最小，而 b 点的最大。

从图 3-7(b) 还可以看出，与非脉动液压胀形相比，脉动液压胀形时试件的轴向应变的变化更加缓慢。在胀形前期，脉动液压胀形时试件轴向应变的绝对值更大，但在胀形后期直到试件破裂时，却是非脉动液压胀形时的更大，如表 3-5 所示。

上述分析表明，脉动液压胀形时管端收缩相对自由，材料更加容易流入胀形区，使得轴向变形更加均匀。

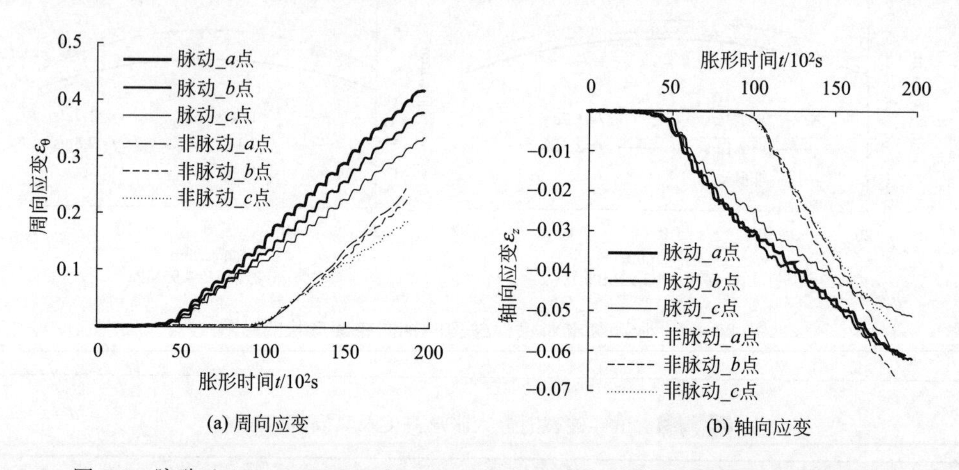

图 3-7 脉动（$\Delta P=3.92\text{MPa}$ 和 $f=2.1\text{c/s}$）与非脉动液压胀形试件的应变变化

表 3-5 两种液压加载方式下试件破裂时三个轴向位置的应变值

轴向位置点	周向应变	轴向应变
a（$z=0$mm）	0.416/0.251	−0.055/−0.062
b（$z=10$mm）	0.376/0.232	−0.050/−0.066
c（$z=20$mm）	0.288/0.183	−0.043/−0.055

注：符号“/”前列数据为脉动液压胀形时的结果，其后列数据为非脉动液压胀形结果。

本章小结

本章基于管件自然胀形的试验结果，对比分析了脉动、非脉动液压胀形时管材的变形规律差异，并分析了脉动液压参数对变形的影响，可以得到如下结论。

① 无论在哪种液压加载条件下，在试件中截面的壁厚最小，沿试件轴向的壁厚值逐渐增大。与非脉动液压胀形相比，脉动液压加载方式下试件破裂时的壁厚更小、壁厚减薄更严重，但轴向壁厚分布更均匀。脉动液压参数对轴向壁厚分布及最大减薄率有显著的影响：当脉动振幅及频率组合不合理时，壁厚减薄将更加严重；而当脉动振幅及频率组合合理时，可以使壁厚分布最均匀。

② 与非脉动液压胀形相比，脉动液压胀形时可以得到更大的胀形高度。脉动液压参数对轴向壁厚分布及最大胀形高度有显著的影响：仅当脉动振幅及频率组合合理时，才能得到更大的胀形高度。

③ 无论在哪种液压加载方式下，试件的周向产生伸长应变、轴向产生压缩应变。在同一胀形时刻，脉动液压胀形时周向变形量更大、轴向变形更均匀。脉动液压胀形时最大轴向应变发生在试件中截面处，而在非脉动液压胀形时，却发生在距中截面一定距离位置。

综上所述，与非脉动液压胀形相比，脉动液压胀形时材料更加容易流入胀形区，管材的成形性更好，当脉动振幅及频率组合合理时，可以获得最好的成形性。

第4章

管材脉动液压胀形时的成形极限图

4.1 概述

脉动液压胀形技术是一种新颖的THF技术，因其能显著提高材料的成形性，而成为目前的研究热点。

如图1-5所示，脉动液压胀形时，管材内部的成形液压力 P 按一定的脉动方式循环变化，管材受到循环、交替的加载及卸载作用，对管材成形性的影响比较复杂。在板材成形中，常用成形极限图（Forming Limit Diagram，FLD）来表示板材的成形性。如何构建管材脉动液压胀形时的FLD，以及脉动液压参数（如脉动振幅 ΔP 和频率 f）对FLD有何影响，这些研究鲜见报道。

本章的主要研究工作是，对SS304不锈钢管材进行脉动和非脉动液压胀形试验，并利用轴压胀形（见第2.4.2节）和自然胀形（见第2.4.1节）方式来分别产生FLD左区的拉-压应变状态和右区的拉-拉应变状态，然后基于试验数据构建出管材脉动液压胀形的FLD。最后，分析脉动振幅 ΔP 和频率 f 对FLD的影响规律[88,89]。

4.2 管材成形极限图的研究现状

在THF中，如果工艺参数设置不合理，管材可能出现起皱、屈曲和破裂等几种失效形式，其中以破裂失效为甚[90]。

FLD常用来评价板材塑性变形的成形极限。如图4-1所示，FLD由主应变（纵坐标轴 ε_1）、次应变（横坐标轴 ε_2）坐标系中的两条成形极限曲线（Forming Limit Curves，FLCs）构成，分别位于左区的拉-压应变状态区和右区的拉-拉应变状态区。对于管材液压胀形来说，ε_1 对应周向应变，ε_2 对应轴向应变。

FLCs由材料达到破裂极限时的极限应变点构成，在纵坐标轴 ε_1 上的所有点均处于平面应变，即 $\varepsilon_2=0$。在板材塑性成形中，若板材上的任意位置点的主、次应变位于 FLCs 上方，则此点可能产生局部颈缩或破裂；反之，若位于 FLCs 下方，则可望继续成形。换句话说，FLCs 上方的区域是成形失效区，而其下方的区域是成形安全区。

准确地获得 FLD 是合理评价管材成形性的前提条件。目前，主要有三种方法[91]：理论解析法、数值模拟法、试验测量法。前两种方法基于较多的假设条件，试验测量法因结果可靠而成为研究热点。Davies 等[92] 采用线性液压胀形试验来建立铝挤压管 AA6061 的 FLD。他们通过轴压胀形方式来产生 FLD 左区的拉-压应变状态，而通过对管材同时施加液压力和轴向拉力的方式来产生 FLD 右区的拉-拉应变状态。类似地，Xianfeng 等[93] 采用线性液压胀形试验来建立钢管 QSTE340 的 FLD，也是通过轴压胀形方式来产生 FLD 左区的拉-压应变状态；但是，通过对管材同时施加液压力和径向压力的方式来产生 FLD 右区的拉-拉应变状态。Omar 等[94] 采用线性液压胀形试验来建立深冲钢（DQ）的 FLD，也是通过轴压胀形方式来产生 FLD 右区的拉-拉应变状态；但是，为产生 FLD 右区的拉-拉应变状态，液压胀形前先将管坯两端挤压成喇叭状，以限制其轴向收缩。笔者等[95] 分别采用线性、折线液压胀形试验来建立 SS304 不锈钢管材的 FLD，通过轴压胀形方式来产生 FLD 左区的拉-压应变状态；但是，通过改变管材胀形区长度来限制、控制管材的轴向收缩量的方式来产生 FLD 右区的拉-拉应变状态[96]。

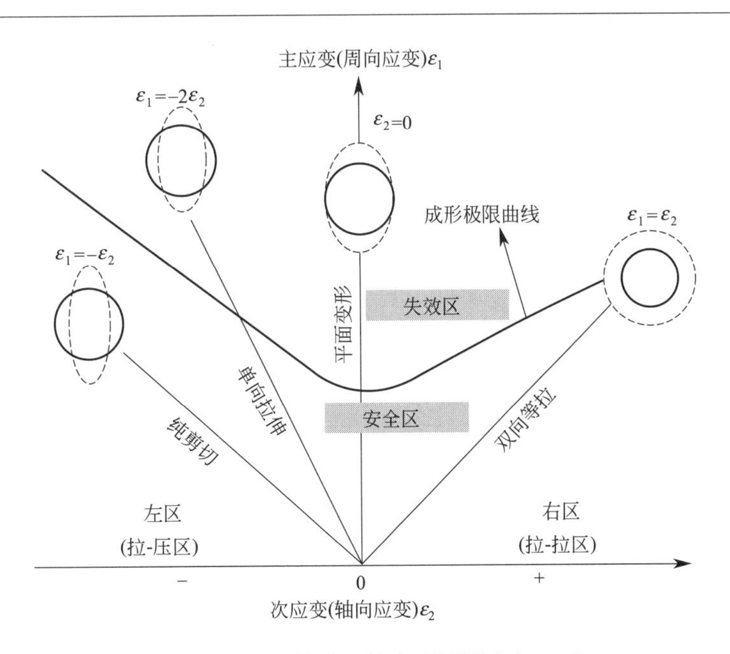

图 4-1　板材塑性成形的成形极限图（FLD）

上述研究多集中在采用线性液压加载方式下的管材液压胀形试验来构建 FLD，采用脉动液压胀形试验来构建 FLD 的研究很少，且尚未见到有关液压力的脉动振幅和频率对 FLD 影响规律的研究报道。另外，一般通过管材轴压胀形试验来产生 FLD 的左区拉-压应变状态，这个方法被证明可行和可靠；但如何产生 FLD 右区的拉-拉应变状态，尚缺乏普遍认可方法。本节的研究工作就是在此方面所作的一个尝试。

4.3 管材液压胀形成形极限试验研究

本节对 SS304 不锈钢管材进行脉动和非脉动液压胀形试验研究。其中脉动液压胀形试验是在多种脉动振幅 ΔP 和频率 f 组合下进行的。试验研究涉及如何产生 FLD 左区的拉-压应变状态和右区的拉-拉应变状态，如何产生多种脉动振幅 ΔP 和频率 f 的液压力，如何在线获取液压胀形中的变形数据以便计算出极限应变值并最终建立 FLD。本节将分别介绍上述内容。

4.3.1 试验管材

试验用材料为 SS304 不锈钢管材，是含 18%铬和 8%镍的奥氏体不锈钢。该管材具有强度高、重量轻，易加工，且成形性、抗腐蚀性、焊接性优良等特点，用途十分广泛。其初始几何参数和力学性能指标如表 4-1 所示。用于轴压胀形试验的管坯的初始长度（l_0）均为 110mm，而用于自然胀形的管坯的初始长度（l_0），设计有 5 种规格，以便产生多种拉-拉应变状态。

表 4-1 SS304 不锈钢管材的初始几何参数和力学性能指标

管材几何参数	轴压胀形	自然胀形
初始直径 d_0/mm	32	32
初始壁厚 t_0/mm	0.6	0.6
胀形区长度 l_b/mm	48	48
胀形区长度比 l_b/d_0	1.5	1.5
初始长度 l_0/mm	110	150，165，180，200，250
力学性能指标	数值	
抗拉强度 σ_b/MPa	1216	
屈服强度 σ_s/MPa	439	
延伸率 δ_0/%	＞30	
硬度(HV)	＜253	
强化系数 K/MPa	1443.12	
硬化指数 n	0.31	

4.3.2 应变状态的产生

（1）拉-压应变区的极限应变

如图 2-8 所示，通过轴压胀形产生 FLD 左区的拉-压应变状态。管材轴压胀形试验装置如图 2-9 和图 2-10 所示。管材在两个定位圈中定位后，在液压力 P 和轴向推力 F_z 共同作用下逐渐胀大直至破裂。通过设置液压力 P 与轴向推力 F_z（或轴向进给量 S）为不同比值，就可以形成多种加载方式，产生多种拉-压应变状态。

如图 2-8 所示，假设胀形管件中部最大截面处的厚向（径向）应力为零，即假设此处单元体处于平面应力状态。由于轴向推力 F_z 的作用，在此单元体处产生拉-压应力状态，即周向拉应力 σ_θ、轴向压应力 σ_φ。在整个液压胀形过程中，胀形区的变形数据采用第 2.5.2 节所述的“DIC 高速散斑机”实时检测和存储。试件破裂时刻的拉-压应变值即为相应液压加载方式下的极限应变值。应用不同液压加载方式下的系列极限应变值，即可构建起 FLD 左区的拉-压应变区的极限应变曲线。

（2）拉-拉应变区的极限应变

通过自然胀形可产生 FLD 右区的拉-拉应变状态。如图 2-7 所示，在自然胀形过程中，管材仅在内部液压力 P 的作用下逐渐胀大直至破裂，管材两端内、外表面的摩擦力急剧增大，从而有限地阻碍两端材料向胀形区的流动。这样，在胀形试件中部最大截面处产生拉-拉应力状态，即周向拉应力 σ_θ、轴向拉应力 σ_φ（见第 2.4.1 节）。

如表 4-1 所示，采用了 5 种不同的初始长度（l_0）的管坯，并相应设计了 5 种导向区长度（l_g）的定位圈及对应长度的空心螺栓，以保证胀形区长度（l_b）是相同的（48mm）。在每个自然胀形试验中，因试件的导向区长度（l_g）不尽相同（表 4-2），从而造成导向区的摩擦阻力也不同，最终造成材料的轴向流动阻力不同，从而可以得到多种加载方式下的拉-拉应力及应变状态。

表 4-2　在非脉动液压加载方式下由轴压胀形（$S\neq0$）及自然胀形（$S=0$）试验得到的应变状态及数值

序号	初始长度 l_0/mm	导向区长度 l_g/mm	轴向进给量 S/mm	等效应变	应变比值	区域
1	110	31.0	14	0.517	−0.313	左
2	110	31.0	12	0.453	−0.262	左
3	110	31.0	10	0.401	−0.255	左
4	150	51.0	0	0.274	−0.093	左
5	165	58.5	0	0.338	0.128	右
6	180	66.0	0	0.365	0.174	右
7	200	75.0	0	0.394	0.207	右
8	250	101.0	0	0.440	0.264	右

4.3.3　液压胀形试验过程

在第 2.3 节所介绍的脉动液压胀形试验系统上分别进行脉动、非脉动液压胀形试验[30]。试验中采用了如图 2-2(a) 所示的两种液压加载方式。表 4-3 列出了相应的液压加载参数值。

如图 2-19 所示，液压胀形试验前，先在管坯外表面喷上白色底纹，然后再喷上黑色油漆，形成无规律的散斑云图。如图 2-4 所示，在液压胀形试验过程中，通过调整电动试压泵上的溢流阀，可以设定其输出的液压力 P_0 的最大值。通过在伺服冲压机的控制面板上设定不同的滑块行程 s 和速度 v，即可间接地对液压力的脉动振幅 ΔP 和频率 f 进行调节。

液压胀形试验过程中，应用图 2-18 所示的"DIC 高速散斑机"采集胀形试件的极限应变。两个液压传感器分别实时测量基准液压力 P_0 和脉动液压力 P 的数值，数据记录仪显示及存储检测的数据，用于后续的分析。液压胀形试验结束后，利用图像算法对胀形试件表面的散斑图像进行分析，如图 2-20 所示。根据分析结果，可以计算出胀形试件各时刻的应变场（含试样破裂时的极限应变）。关于该系统的工作原理及测量方法，详情参见参考文献［85］。

表 4-3　液压胀形试验中采用的脉动液压参数及轴向进给量 S　　mm

脉动振幅 ΔP/MPa	脉动频率/(c/s)			
	$f=0$	$f=1.6$	$f=2.0$	$f=2.5$
0	0,10,12,14	—	—	—
2.5	—	0,10,12,14	0,10,12,14	0,10,12,14
3.2	—	0,10,12,14	0,10,12,14	0,10,12,14
3.9	—	0,10,12,14	0,10,12,14	0,10,12,14

注：$S\neq0$ 表示轴压胀形，$S=0$ 表示自然胀形；$\Delta P\neq0$ 和 $f\neq0$ 表示脉动液压胀形，$\Delta P=0$ 和 $f=0$ 表示非脉动液压胀形。

4.4　脉动液压对成形极限图的影响

表 4-4 所示为不同脉动振幅及频率时试样上轴向应变与周向应变的比值。如表 4-5 所示，在脉动液压胀形时，随着脉动振幅 ΔP 及脉动频率 f 的增加，试样上的等效应变（Von Mises Strains）显著增大。

表 4-4　不同脉动振幅及频率时试样上轴向应变与周向应变的比值（$\varepsilon_2/\varepsilon_1$）

No.	$\Delta P=0$	$\Delta P=2.5$			$\Delta P=3.2$			$\Delta P=3.9$		
	$f=0$	$f=1.6$	$f=2.0$	$f=2.5$	$f=1.6$	$f=2.0$	$f=2.5$	$f=1.6$	$f=2.0$	$f=2.5$
1	−0.313	−0.284	−0.265	−0.256	−0.286	−0.276	−0.256	−0.278	−0.258	−0.239
2	−0.262	−0.234	−0.218	−0.210	−0.234	−0.225	−0.203	−0.220	−0.200	−0.183
3	−0.255	−0.220	−0.208	−0.201	−0.227	−0.215	−0.191	−0.212	−0.195	−0.175
4	−0.093	−0.061	−0.053	−0.039	−0.077	−0.065	−0.049	−0.081	−0.066	−0.058
5	0.128	0.075	0.079	0.097	0.100	0.105	0.117	0.130	0.133	0.131
6	0.174	0.111	0.118	0.142	0.138	0.147	0.156	0.166	0.166	0.173
7	0.207	0.143	0.147	0.163	0.170	0.169	0.184	0.199	0.201	0.205
8	0.264	0.191	0.201	0.202	0.223	0.210	0.210	0.245	0.223	0.227

注：$\Delta P=0$ 和 $f=0$ 表示非脉动液压胀形情况，No. 1～No. 8 顺序对应图 4-2 中"非脉动液压"曲线上的点。

表 4-5 不同脉动振幅及频率时试样上的等效应变值

No.	ΔP=0	ΔP=2.5			ΔP=3.2			ΔP=3.9		
	f=0	f=1.6	f=2.0	f=2.5	f=1.6	f=2.0	f=2.5	f=1.6	f=2.0	f=2.5
1	0.517	0.533	0.539	0.540	0.552	0.559	0.581	0.604	0.627	0.655
2	0.453	0.471	0.477	0.480	0.488	0.492	0.519	0.533	0.554	0.586
3	**0.401**	0.419	0.428	0.428	0.437	0.440	0.469	0.482	0.506	0.536
4	0.274	0.291	0.292	0.299	0.311	0.314	0.317	0.341	0.343	0.350
5	0.338	0.353	0.363	0.374	0.378	0.406	0.429	0.399	0.420	0.463
6	0.365	0.373	0.385	0.395	0.404	0.433	0.450	0.426	0.441	0.484
7	**0.394**	0.400	0.408	0.417	0.432	0.455	0.477	0.459	0.480	0.522
8	0.440	0.449	0.454	**0.492**	0.485	0.530	0.560	0.512	0.567	0.609

注：ΔP=0 和 f=0 表示非脉动液压胀形情况，No. 1～No. 8 顺序对应图 4-2 中“非脉动液压”曲线上的点。

图 4-2 和图 4-3 表示了脉动振幅及频率对成形极限曲线的影响情况。从这两个图可以看出，在脉动液压胀形时的成形极限曲线位置要高于非脉动液压胀形时的位置。在脉动液压胀形时，由于脉动振幅及频率的影响，成形极限曲线均出现了一定程度的漂移现象。具体来说，对于 FLD 左区的拉-压应变状态，随着脉动振幅及频率的增大，成形极限曲线均向左上方移动；对于 FLD 右区的拉-拉应变状态区域，随着脉动振幅及频率的增大，成形极限曲线

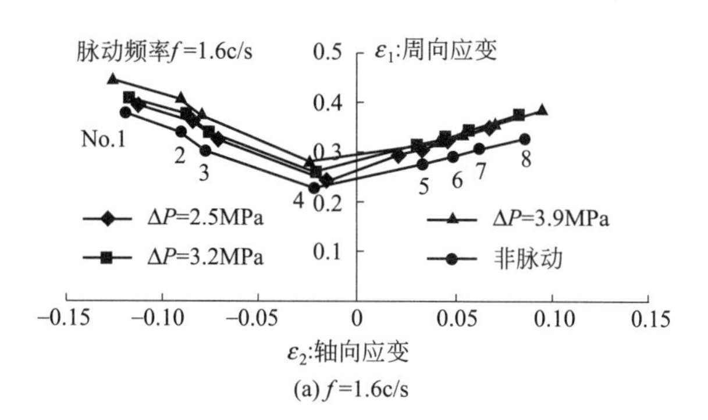

(a) f=1.6c/s

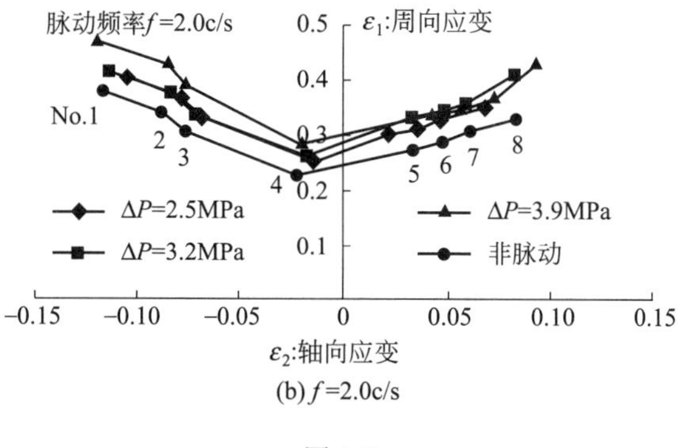

(b) f=2.0c/s

图 4-2

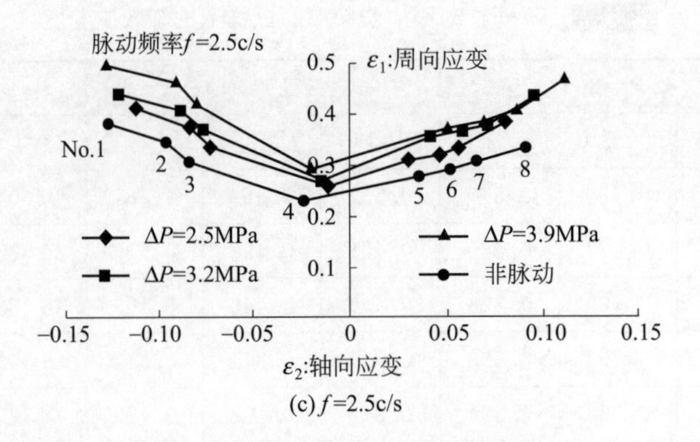

(c) f=2.5c/s

图 4-2　脉动振幅对成形极限曲线的影响

均向右上方移动。

引入下列两式来分别表示脉动液压胀形相对于非脉动液压胀形时的成形极限曲线的绝对漂移量和相对漂移量。

$$\Delta\varepsilon=\sqrt{(\varepsilon_{1p}-\varepsilon_{1n})^2+(\varepsilon_{2p}-\varepsilon_{2n})^2} \tag{4-1}$$

$$\eta=\frac{\sqrt{(\varepsilon_{1p}-\varepsilon_{1n})^2+(\varepsilon_{2p}-\varepsilon_{2n})^2}\times 100}{\sqrt{\varepsilon_{1n}^{2}+\varepsilon_{2n}^{2}}} \tag{4-2}$$

如表 4-5 所示，No. 3 表示的是轴压胀形时拉-压应变状态，而 No. 7 表示的是自然胀形时的拉-拉应变状态。两者在非脉动液压加载时的等效应变值基本相等，分别是 0.401 和 0.394。现在分析这两种情况下的成形极限曲线的漂移情况。如图 4-4 所示，随着脉动振幅或频率的增加，它们的漂移量均在增大，当脉动振幅为 3.9MPa 及脉动频率为 2.5c/s 时，漂移量达到峰值。如表 4-6 所示，在脉动振幅为 3.9MPa 时，No. 3 和 No. 7 的相对漂移分别达到 38.8% 和 32.7%；但在较小的脉动振幅如 2.5MPa 和 3.2MPa 时，两者的相对漂移量差异不大。就相对漂移来说，无论是在轴压胀形还是自然胀形中，脉动振幅或频率的影响程度基本相同。

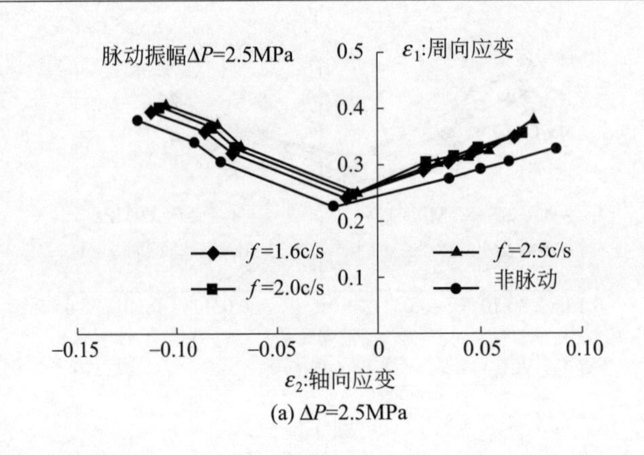

(a) ΔP=2.5MPa

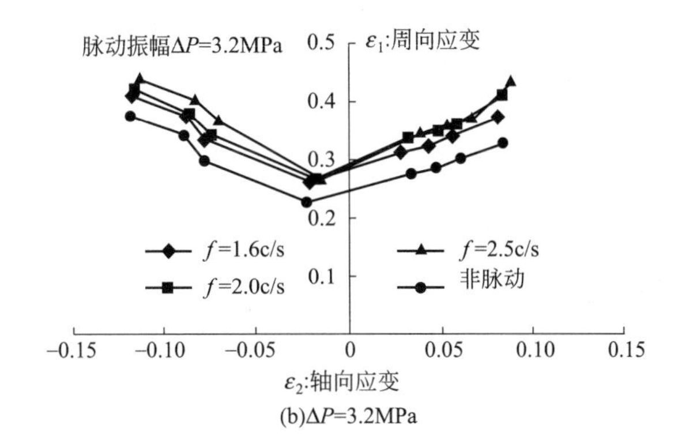

(b)ΔP=3.2MPa

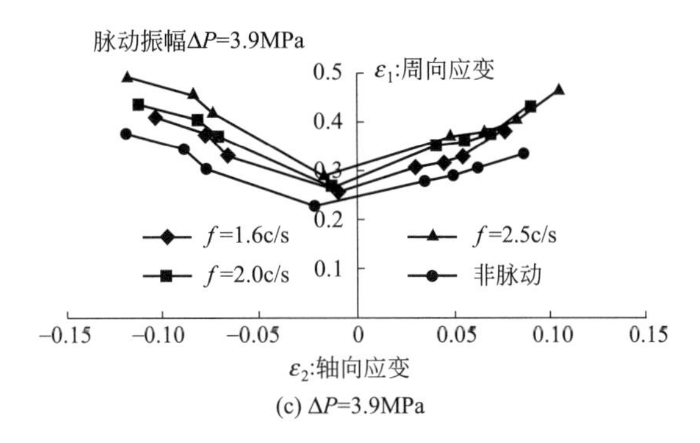

(c) ΔP=3.9MPa

图 4-3　脉动频率对成形极限曲线的影响

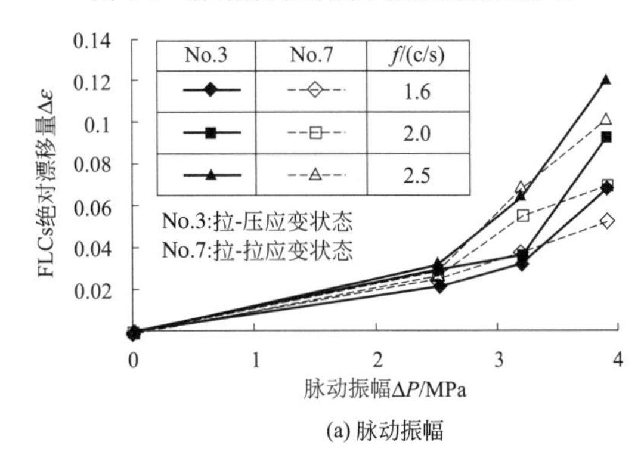

(a) 脉动振幅

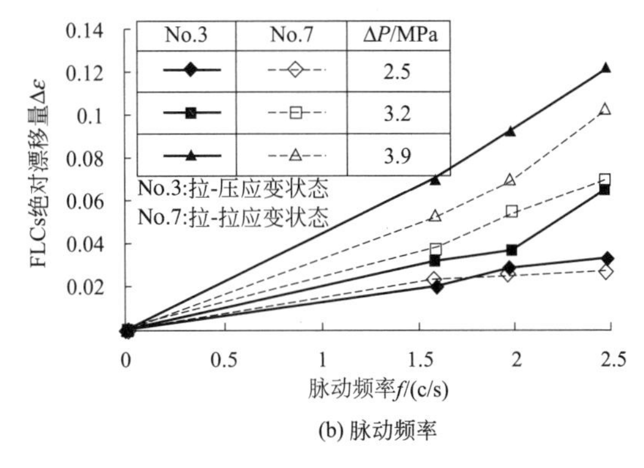

(b) 脉动频率

图 4-4　脉动液压参数对 No. 3 和 No. 7（表 4-4）的成形极限曲线的绝对漂移量的影响

如前所述，管材在脉动液压胀形中的变形行为受到脉动液压的影响很大。脉动振幅和频率对形成极限曲线的改善主要是由于低的成形液压力和液压力的脉动。正如Takayuki和Mori[18] 等指出的，脉动液压有助于促进材料的流动及防止起皱、破裂缺陷的产生。在脉动液压胀形中，用较小的液压力就可以达到所需的胀形量，相当于降低了摩擦力，改善了成形极限曲线，从而提高材料的成形性。

表4-6 脉动液压引起的成形极限曲线的相对漂移率 η %

No.	$\Delta P=0$	$\Delta P=2.5$			$\Delta P=3.2$			$\Delta P=3.9$		
	$f=0$	$f=1.6$	$f=2.0$	$f=2.5$	$f=1.6$	$f=2.0$	$f=2.5$	$f=1.6$	$f=2.0$	$f=2.5$
1	—	4.8	7.4	8.4	8.1	9.9	15.5	18.3	24.1	30.6
2	—	5.6	8.1	9.4	9.1	10.6	18.0	19.9	25.9	34.2
3	—	6.7	9.7	10.5	10.6	11.9	21.0	22.5	29.8	38.8
4	—	8.4	9.5	13.3	14.5	16.4	18.8	25.1	26.9	30.0
5	—	8.6	10.9	12.4	13.5	21.4	27.2	17.9	23.8	36.6
6	—	8.0	9.6	10.1	12.8	20.2	24.4	17.2	21.4	32.6
7	—	7.5	8.5	8.8	12.0	17.7	22.2	16.9	22.2	32.7
8	—	8.5	8.2	15.5	12.4	23.4	30.2	17.2	30.9	40.2

注：$\Delta P=0$ 和 $f=0$ 表示非脉动液压胀形情况，No.1～No.8顺序对应图4-2中非脉动液压胀形曲线上的点。

本章小结

运用第2.3节所述的脉动液压胀形试验系统对SS304不锈钢管材进行脉动和非脉动液压胀形试验，并利用轴压胀形方式在试样胀形区上取得拉-压应变状态，而利用不同初始长度管坯的自然胀形方式取得拉-拉应变状态。基于应变数据建立了管材的成形极限曲线及成形极限图，分析了液压力的脉动振幅和频率对成形极限曲线的影响。

研究结果表明，脉动液压力可以有效提高材料的成形性。脉动液压胀形时的成形极限曲线位置要高于非脉动液压胀形时的曲线位置。在脉动液压胀形时，由于脉动振幅及频率的影响，成形极限曲线均出现了一定程度的漂移现象：随着脉动振幅及频率的增大，成形极限曲线均向上方漂移，成形极限图左、右两侧情况基本相同。当液压力的脉动振幅较大时，轴压胀形的漂移量比自然胀形的漂移量要大；但在较小的脉动振幅时，两者的漂移量大小却无明显的差异。

研究表明，所提出的确定管材液压胀形的成形极限图的方法是可行的。研究结果将有助于理解管材在脉动液压胀形时的变形行为，了解脉动液压对成形极限图的影响规律。

第5章 管材脉动液压胀形时的动态摩擦特性

5.1 概述

应用管材液压胀形技术（THF）生产零部件，具有工序少、质量轻、刚度高、成本低等特点，在汽车、航空、航天等工业领域应用比较广泛。摩擦在THF中起着重要的作用。Ahmetoglu[3]和Kaya[97]指出，摩擦不仅会影响材料的塑性流动、载荷大小、成形极限，而且对试件的表面质量、模具寿命等有很大的影响。现有的确定管材摩擦系数的方法中，多数假设管材内的成形液压力大小（在本章中，简称为“液体压强”）等于管材与模具之间的接触压强，然后将液体压强与接触面积相乘而计算出法向接触压力，最后再基于库仑摩擦定律来计算摩擦系数。在管材脉动液压胀形过程中，液压力的脉动振幅和频率可能会对摩擦力及摩擦系数有较大的影响，摩擦特性可能更加复杂[98,99]。

本章的主要研究工作是，采用试验方法研究管材内的液体压强与管材外表面与模具之间接触压强的关系，提出管材液压胀形时导向区摩擦系数的测量方法，设计出相应的摩擦测量试验系统，利用该系统对SS304不锈钢管材分别进行脉动和非脉动液压胀形试验，研究液压力的脉动振幅和频率对管材与模具之间的摩擦系数的影响规律。

5.2 摩擦系数测量方法的研究现状

一些学者提出了THF中管材与模具之间摩擦系数的测量方法。这些方法一般根据库仑摩擦定律计算，即摩擦系数等于摩擦力和法向接触压力的比值，其中法向接触压力等于管材外表面与模具之间的接触压强与接触面积的乘积。但是，由于接触压强难以直接测量，通常假设其等于管材内的液体压强，将液体压强与接触面积相乘来确定法向接触压力[100]。2002年，Vollertsen等[101]采用推管试验法（Push Through Test）测量管材液压胀形过程中导向区的摩擦系数：向管材内通入高压液体，管材两端的两个挤压头以相同速度相向推挤管材，在管材与模具之间产生摩擦力，用直接测量得到的摩擦力数值和管材内的液体压强数值来计算摩擦系数。2005 年，Hwang 等[102] 提出了一套用于确定管材液压胀形中摩擦系数的试验装置：向管材内通入高压液体，用一个推杆推动模具内的管材沿轴向滑动而产生摩擦。假设推杆的推力等于管材与模具之间的摩擦力，而法向接触压力等于管材内的液体压强。这样，就可以基于库仑摩擦定律来计算摩擦系数。2005 年，Plancak 等[103] 提出了一种基于管材镦粗变形的摩擦系数测量方法：将管材放入模具内，在两个挤压头（一个运动、一个静止）之间进行定位，向管材内通入高压液体，其中一个挤压头沿轴向移动，对管材一端进行挤压镦粗，以所测量得到的挤压头的轴向推力和管材内的液体压强数值来计算摩擦系数。2011 年，Hyae Kyung 等[50] 采用试验方法研究了管材液压胀形过程中导向区的摩擦系数的变化规律：将管材放入模具内定位，向管材内通入高压液体，管材两端的两个挤压头推动管材在模具内轴向滑动，用所测量的挤压头的轴向推力和管材内的液体压强数值来计算摩擦系数。

上述摩擦系数的确定方法中，几乎都假设液体压强与接触压强相等，然而事实上可能不尽如此。例如，1999 年，Vollersten 等[101] 指出，在 THF 中，液体压强与接触压强相差会达到 10%，这种差异会对摩擦系数的计算造成误差，因此有必要对接触压强与液体压强的关系做进一步研究。

在脉动液压胀形过程中，管材受到循环交替的加载及卸载作用，管材与模具之间的摩擦力、摩擦系数可能随着塑性变形而动态变化，摩擦特性表现也更加复杂。这种与常规液压加载方式下表现出的不同摩擦特性，可能是脉动液压提高管材成形性的主要因素之一。2003 年，Hama 等[104] 利用模拟方法对某汽车部件的脉动液压胀形过程进行的分析表明，用较小的脉动液压力就可以得到较大的胀形高度，并认为脉动液压加载的效果相当于降低了摩擦系数从而提高了管材的成形性。2007 年，张士宏等[105] 认为，在脉动液压胀形中，由于液压波动，管材交替发生收缩和胀形，直径反复收缩与胀大，导致管材所受的法向接触压力时小时大。而且，与单调的液压加载方式相比，等效法向接触压力降低，从而降低了摩擦力，使材料的流动变得容易，因而成形性得到提高。

本章将对管材脉动液压胀形时的动态摩擦特性进行探索研究。

5.3 接触压强和摩擦系数的测量原理及方法

在本节中，介绍笔者提出的一种基于 THF 条件下的接触压强和摩擦系数的测量方法。该方法可以用来测量管材外表面与模具内表面之间导向区的接触压强及摩擦系数。

5.3.1 接触压强与液体压强的关系式

图 5-1 所示为 THF 导向区的接触压强和摩擦系数的测量原理定位图。上定位圈、下定位圈（分为左下定位圈和右下定位圈）呈上、下对称分布，两者的导向区长度（l_g）相等。其中上定位圈为整体结构，只能沿 z 轴方向做微小移动。而下定位圈为左、右两瓣结构，其中左半部分固定不动，而右半部分与力传感器 1 连接，可沿 x 轴方向做微小移动。管材

放在上、下定位圈内定位，胀形前管材与上、下定位圈之间均呈微小间隙配合。

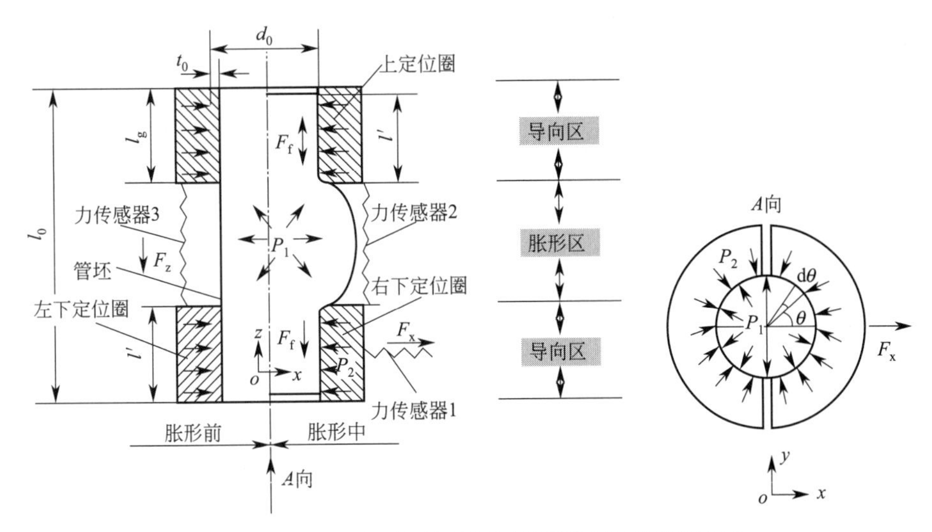

图 5-1　THF 导向区的接触压强和摩擦系数的测量原理

向管材内通入高压液体，管材将逐渐胀大。在胀形过程中，管材上形成两个明显的区域：胀形区和导向区。管材内的液体压强 P_1 将分别按如图 2-1(a) 所示两种方式变化。一种为常规的非脉动液压加载方式，为相对光滑的曲线，即液体压强 P_1 随着胀形时间自然增长；另一种为脉动液压加载方式，为周期波动的曲线，即液体压强 P_1 是在基准液压力曲线（P_0）上下，以一定的脉动振幅 ΔP 和频率 f 波动。

随着管材内部的液体压强 P_1 的增大，管材中部逐渐胀大，同时管材两端贴紧到上、下定位圈的内表面上，在两者之间产生接触压强 P_2，使右下定位圈沿 x 轴方向产生微小移动。如图 5-1 所示，右下定位圈应处于静力平衡状态，F_x 与 P_2 关系如下

$$F_x=\int_{-\frac{\pi}{2}}^{\frac{\pi}{2}} P_2 l' \frac{d_0}{2}\cos\theta \mathrm{d}\theta \tag{5-1}$$

由式(5-1) 可得到接触压强 P_2 的表达式

$$P_2=\frac{F_x}{d_0 l'} \tag{5-2}$$

定义接触压强 P_2 与液体压强 P_1 的压强比为 γ，即

$$\gamma=\frac{P_2}{P_1} \tag{5-3}$$

由于在管材液压胀形过程中，由力传感器 1 实时检测右下定位圈沿 x 方向的推力 F_x，根据式(5-2) 即可计算各时刻的接触压强 P_2，再根据式(5-3) 可以得到每种液压加载方式下的 γ 值随胀形时间的变化情况。

5.3.2　导向区摩擦系数的测量方法

在 THF 中，可将管材分为导向区和胀形区两个部分。导向区摩擦系数的测量原理如

图 5-1 所示。在上定位圈、下定位圈（左、右下定位圈）之间安装有力传感器 2 和力传感器 3，两者呈左、右对称分布，使得上定位圈受力均衡而不致倾斜。在力传感器 2 和力传感器 3 的共同作用下，上定位圈只能沿 z 轴方向做微小移动。随着液体压强 P_1 的增大，管材逐渐胀大的同时，管材两端沿轴向自然收缩并在上、下定位圈之间产生滑动，从而在导向区产生摩擦力 F_f。由于摩擦力 F_f 的作用，上、下定位圈有相互靠拢的趋势，产生轴向推力 F_z，胀形开始。由于上、下定位圈与管材接触长度（即 l'）相等，且管材内的液体压强 P_1 是均匀分布的，因此，可以认为管材两端沿轴向 z 方向的收缩量（l_g-l'）相等，即可以认为管材与上定位圈、下定位圈之间的摩擦力大小相等，均为 F_f。力传感器 2 和力传感器 3 实时检测 z 方向的合力大小为 $2F_z$，该合力大小与 z 方向的摩擦力 F_f 的关系为 $2F_z=F_f$。

定义管材与下定位圈之间的法向接触压力（合力）为 N

$$N=\pi d_0 l' P_2 \tag{5-4}$$

根据库仑摩擦定律，管材外表面与模具之间的摩擦系数 μ 可表示为

$$\mu=\frac{F_f}{N}=\frac{2F_z}{N} \tag{5-5}$$

由式(5-2)、式(5-4) 和式(5-5) 可得

$$\mu=\frac{2F_z}{\pi F_x} \tag{5-6}$$

在管材液压胀形过程中，由力传感器 1 实时检测管材与右下定位圈之间沿 x 方向的推力 F_x。同步地，由力传感器 2 和力传感器 3 实时检测管材与右下定位圈之间沿 z 方向的推力 F_z。根据式(5-6) 即可计算出各时刻的摩擦系数。最终，由式(5-3) 就可以建立起接触压强 P_2 与液体压强 P_1 之间的关系。

5.3.3 导向区摩擦系数的分析思路

根据上述导向区摩擦系数的测量原理及方法，开发出了相应的摩擦测量试验系统。在不同脉动振幅 ΔP 和频率 f 组合条件下对管材进行液压胀形试验，实时检测和输出推力 F_z 和 F_x 的数据。然后，建立接触压强 P_2 与液体压强 P_1 的关系，分析不同的脉动振幅和频率情况下的摩擦系数 μ 的变化情况，并与非脉动液压加载情况进行对比分析，从而可以得到脉动振幅和频率对摩擦系数的影响规律。

5.4 接触压强及摩擦测量试验系统及试验过程

5.4.1 测量试验系统

根据第 5.3 节所述测量原理及方法，开发出的接触压强及摩擦测量试验系统如图 5-2 所示。该系统由液压产生系统、脉动产生系统、液压胀形装置和数据采集系统四个部分构成。

其中液压产生系统参见第 2.3.1 节，脉动产生系统参见第 2.3.2 节。

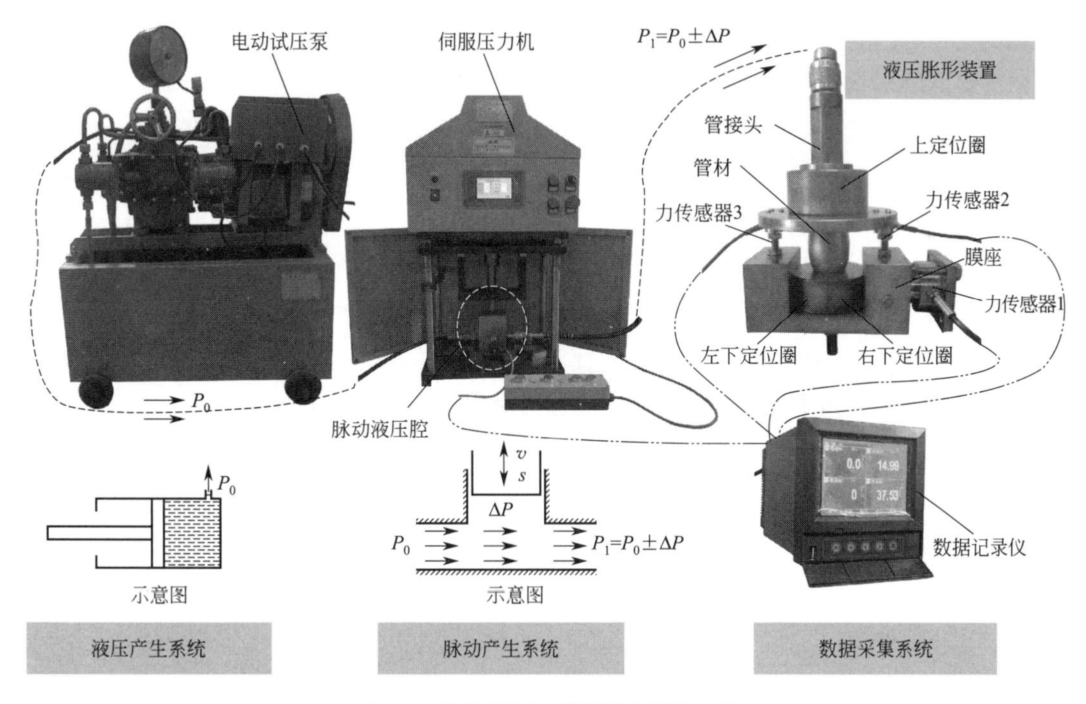

图 5-2　接触压强及摩擦测量试验系统

液压胀形装置由上定位圈、下定位圈（左、右下定位圈）、模座、空心螺栓、密封柱、芯轴、外环和直线轴承等构成，如图 5-3 所示。上、下定位圈均为回转体结构件，上定位圈为整体式，而下定位圈为分瓣结构，分为左下定位圈和右下定位圈。左下定位圈通过螺钉固定在模座上，而右下定位圈与芯轴连接，该芯轴安装在模座上的直线轴承内，使得芯

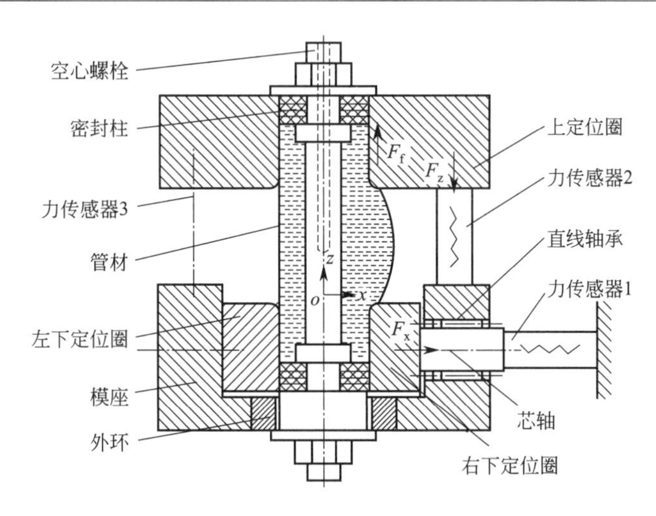

图 5-3　液压胀形装置原理图

轴与模座之间为滚动摩擦，并使右下定位圈仅能沿 x 轴方向做微小移动。右下定位圈与模座等其他部位不接触，不存在影响 x 轴向推力 F_x 测量精度的额外摩擦力。管材安装在上、下定位圈内，以两端定位，胀形前管材与它们之间成微小间隙配合。在管材上、下两端的内部有两个聚氨酯密封柱，通过空心螺栓和螺母进行固定。当拧紧空心螺栓两端的螺母时，密封柱被轴向压缩而膨胀，从而径向压紧管材两端的内表面，达到初始密封的效果。液体经由空心螺栓进入管材，作用在两端密封柱上，进一步压缩密封柱、压紧管材内表面，加强密封效果。

数据采集系统主要由一个液压传感器、三个力传感器和一个数据记录仪组成。液压传感器及数据记录仪参见第 2.5.1 节。液压传感器安装在脉动液压腔出口处，用于测量液压腔输出的液体压强 P_1。三个力传感器均为 CXH-125 膜盒式传感器。其中，力传感器 1 通过芯轴与右下定位圈相连，用于测量右下定位圈沿 x 方向的推力 F_x。为了使上定位圈受力均衡不致倾斜，力传感器 2 和力传感器 3 呈左右对称布置，用于测量导向区的摩擦力 F_f。上述液压传感器与三个力传感器均连接到数据记录仪上。

如图 5-4 所示，液压胀形装置中采用了两种管端密封形式。

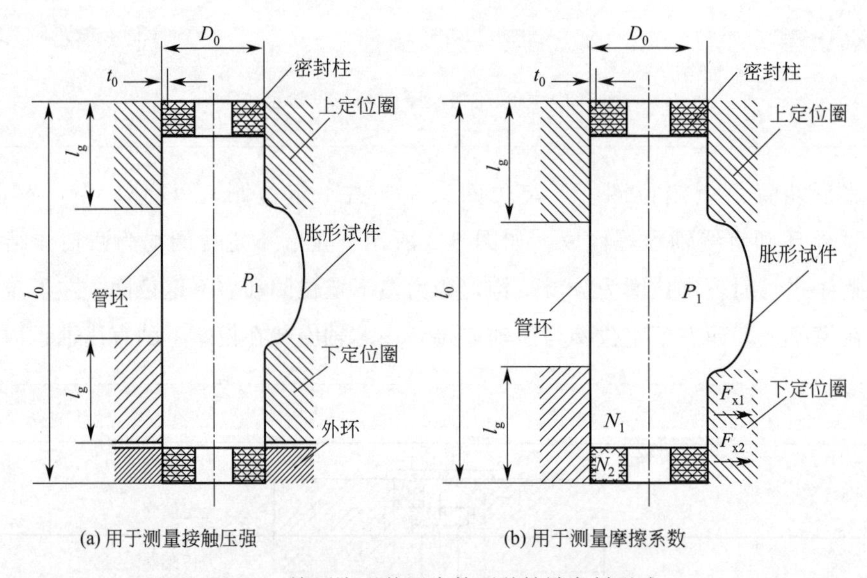

图 5-4　液压胀形装置中的两种管端密封形式

图 5-4(a) 所示的密封形式用于测量导向区内管材与模具之间的接触压强 P_2，以便建立接触压强与液体压强的关系。为了保证管材下端的导向区只受到液体作用，管材下端较长，其内部的密封柱安装在导向区（长度 l_g）外，即安放在外环位置处。液压胀形试验中，外环安装在模座内静止不动，仅用于支撑密封柱的膨胀。外环的内径与下定位圈的内径相等，且与空心螺栓无接触。密封柱沿轴向静止不动，从而可以保证在整个液压胀形过程中，下导向区（长度 l_g）部分仅受到液体压力而未受到密封柱的膨胀力影响。

图 5-4(b) 所示的密封形式用于导向区摩擦系数的测量，用于研究液压力的脉动振幅 ΔP 和频率 f 对摩擦系数的影响规律。在液压胀形过程中，为了使得管材两端收缩尽量一致，以及尽量保证上、下导向区受到的摩擦力大小相等，两个密封柱上、下呈对称布置。与上、下定位圈接触的管材内部，既有液体压力，又有密封柱膨胀力的作用，即在管材外表面，分别受到法向接触压力 N_1 和 N_2 的作用，沿 x 方向分别产生两个推力 F_{x1} 和 F_{x2}。根据式(5-5)，在导向区内，管材外表面与模具内表面之间的摩擦系数为：

$$\mu=\frac{F_f}{N_1+N_2}=\frac{2F_z}{\pi(F_{x1}+F_{x2})}=\frac{2F_z}{\pi F_x} \tag{5-7}$$

5.4.2 测量试验过程

试验采用 SS304 不锈钢管材。管坯外径 $d_0=32$mm，厚度 $t_0=0.6$mm，外表面粗糙度 $Ra=0.6\sim0.8\mu$m。由单向拉伸试验获得的力学性能指标如表 5-1 所示[29]。值得注意的是：本书各章试验所采用的管材基本是 SS304 不锈钢，但由于进货批次、生产厂商等不同，它们的初始几何参数和力学性能指标有所差异。这里设计了两种管坯长度规格：$l_0=128$mm 用于测量接触压强、建立接触压强与液体压强关系的测量试验中；$l_0=112$mm 用于测量摩擦系数的测量试验中。由于采用了不同的管坯长度，实际所需的液压胀形时间是不同的，分别为 12s 和 10s。在摩擦系数的测量试验中，上、下定位圈内表面的粗糙度约为 0.4μm，导向区内管材滑动速度约为 30mm/min。

表 5-1 SS304 不锈钢管材的初始几何参数和力学性能指标

材料	弹性模量 E/GPa	抗拉极限 σ_b/MPa	屈服极限 σ_s/MPa	强度系数 K/MPa	硬化指数 n
SS304	194.02	847.3	342.3	1708.4	0.47

本试验所采用的两种液压加载曲线如图 2-2(b) 所示。图 5-5 所示为测量试验中所采用的脉动液压参数（脉动振幅 ΔP 和频率 f）的数值。图中若有 P_2，表示在导向区接触压强的测量试验中，按图中对应的脉动振幅 ΔP 和频率 f 数值加载；图中若

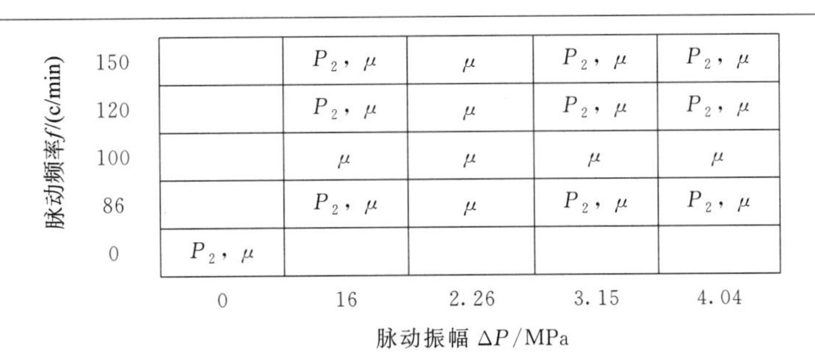

图 5-5 测量试验中所采用的脉动液压参数组合

注：P_2 用于测量接触压强，μ 用于测量摩擦系数。

有 μ，表示在导向区的摩擦系数测量试验中，按图中对应的脉动振幅 ΔP 和频率 f 数值加载。

试验过程如下：①按照图 5-2 所示将摩擦测量试验系统的各部分连接好；②将管坯擦干净后，将装有聚氨酯密封柱的空心螺栓放入其中；③将管坯放入上、下定位圈中进行定位，通过管接头和螺母锁紧空心螺栓两端以对管坯进行初步密封；④启动电动试压泵和伺服压力机，经由管接头、空心螺栓向管材内充入高压液体，管材在内部液体压强 P_1 的作用下膨胀，管材两端逐渐收缩，液压传感器和三个力传感器同步实时检测管材成形过程中液体压强 P_1 和三个载荷的变化；⑤当液体压强 P_1 达到预设的最大值时，开始泄压、胀形过程结束。

5.5 脉动液压对接触压强及摩擦系数的影响

5.5.1 接触压强与液体压强的关系

笔者进行了图 5-5 所示的五组脉动振幅及频率的测量试验。为了叙述简便，在此只分析脉动振幅 $\Delta P=3.15\text{MPa}$ 和脉动频率 $f=150\text{c/min}$ 的情况。

如图 5-6 和图 5-7 所示，在试件胀形初期，接触压强 P_2 几乎为 0；而当液体压强 P_1 达

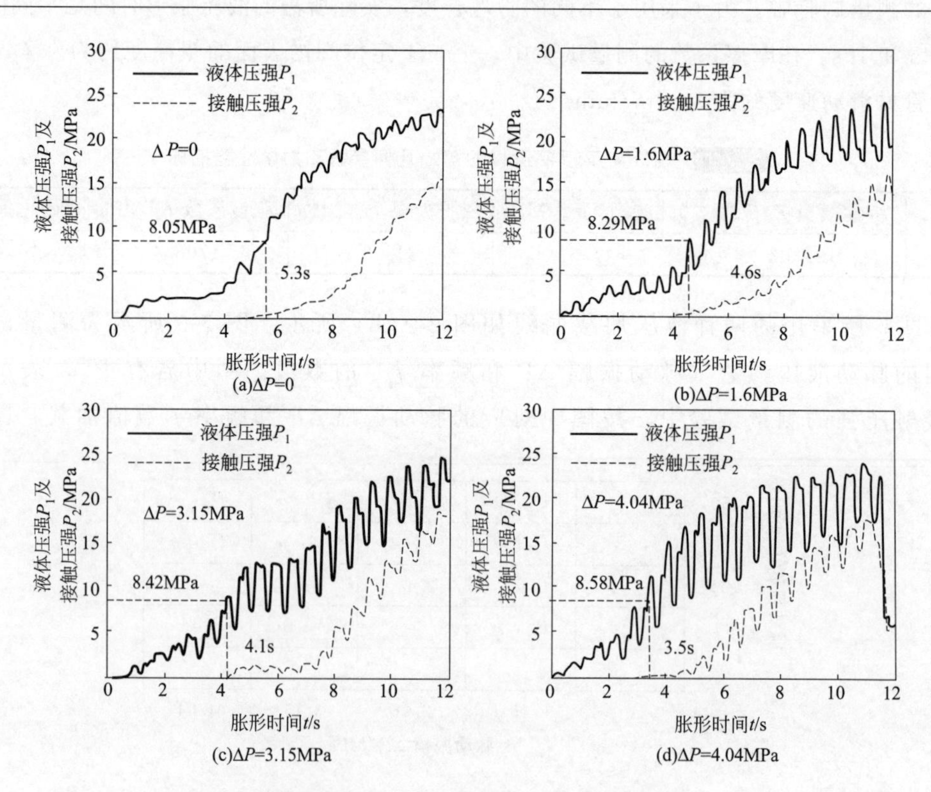

图 5-6 不同脉动振幅时液体压强 P_1 与接触压强 P_2 的变化规律（$f=150\text{c/min}$）

到一定值（图中虚线处的脉动振幅值 8.05MPa、8.29MPa、8.42MPa、8.58MPa）时，P_2 才随着 P_1 的增大而逐渐增大。这是由于液体压强 P_1 大到一定程度时管材才开始发生塑性变形、贴紧模具，进而开始产生接触压强 P_2。从两图中还可以看出，与液体压强 P_1 曲线的波动类似，接触压强 P_2 也呈波动变化。液体压强 P_1 的脉动振幅或频率越大，则接触压强 P_2 的波动越剧烈。非脉动液压加载方式下得到的接触压强也有微小波动，但是，其波动振幅远小于脉动液压加载方式下的情况。

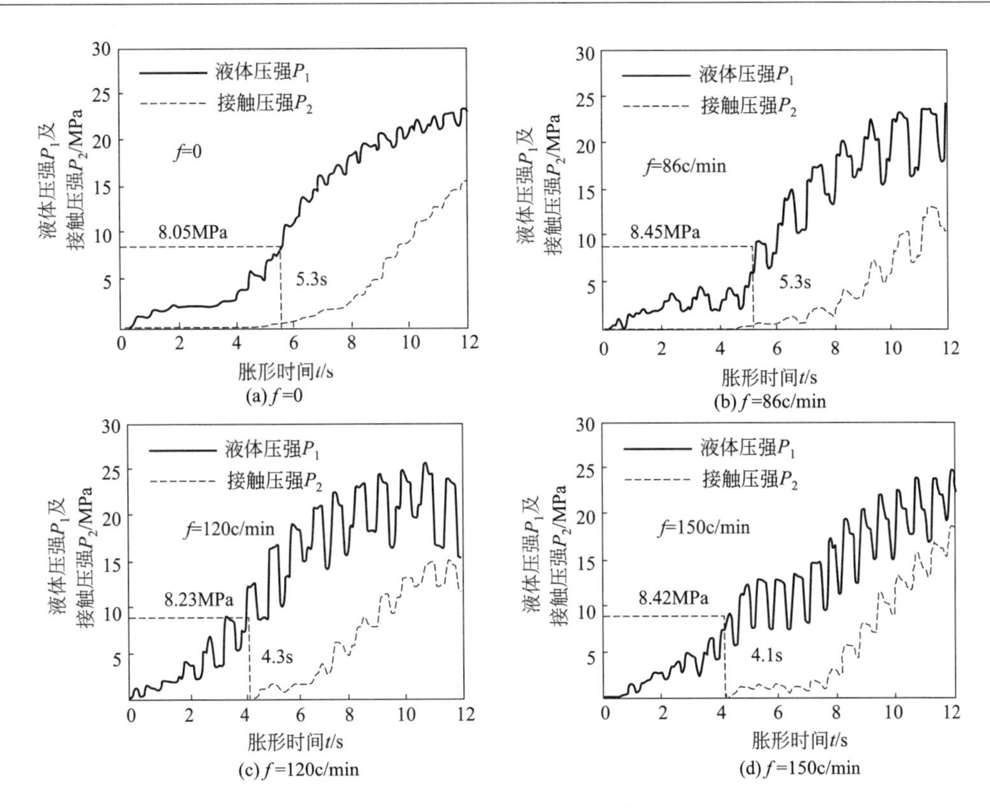

图 5-7　不同脉动频率时液体压强 P_1 与接触压强 P_2 的变化规律（ΔP=3.15MPa）

从图 5-8 可以看出，压强比 γ 大小与液体压强 P_1 有关。无论在哪种液压加载方式下，随着液体压强 P_1 的增加，接触压强 P_2 也增大。但压强比 γ 均小于 1，也即是接触压强总是小于液体压强。随着液压胀形的继续，压强比 γ 逐渐增大，在最后时刻，压强比 γ 大约为 0.8。这意味着随着液压胀形的进行，接触压强值逐渐接近液体压强，最后时刻两者的差值约为 20%。可以想象，若管材能够产生更大塑性变形而不破坏，则压强比 γ 有可能接近 1，也就是说，可以认为此时的接触压强与液体压强相等。

另外，压强比 γ 的大小还与脉动液压参数有关。从图 5-8(a) 可以看出，当试件的胀形达到一定程度时（如第 8s），脉动振幅越大，则压强比 γ 也越大，也即接触压强越接近液体压强。而脉动频率对压强比 γ 的影响稍有不同，从图 5-8(b) 可看出，当液压胀形达到一定程度时（如第 8s），脉动频率为 f=86c/min 时的压强比曲线位于非脉动时（脉动频率为 0 时）之下。但当脉动频率分别为 120c/min 和 150c/min 时，两者的压强比曲线基本重合。总之，在某个较低的脉动频率时，压强比 γ 曲线与在非脉动时的重合；而随着脉动频率增大，则压强比 γ 变大；但当脉动频率大到一定程度时，压强比 γ 的增大变得不太明显。

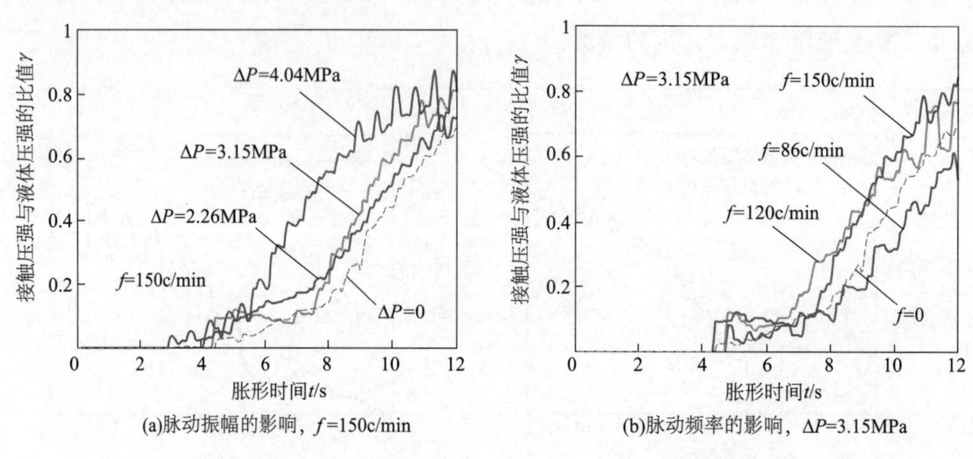

图 5-8　液压力的脉动振幅和频率对压强比的影响规律

5.5.2　脉动液压对摩擦系数的影响

从图 5-9 可以看出，脉动液压胀形时的摩擦系数均小于非脉动液压胀形时（即 $\Delta P=0$）的摩擦系数。脉动液压胀形、非脉动液压胀形时的摩擦系数曲线都有波动，前者的波动更大一些。另外，在两种液压胀形过程中，摩擦系数都呈现降低的趋势，且脉动液压胀形时摩擦系数的降低更加明显。这是由于法向接触压力大到一定程度后，摩擦力的增大速率小于法向接触压力的增大速率，因此摩擦系数逐渐降低，如图 5-10 所示。Hwang [102] 和 Groche[106] 也报道过相似的变化规律。

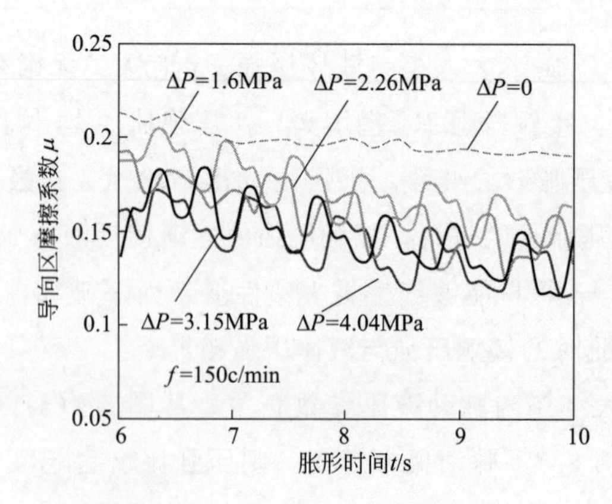

图 5-9　不同脉动振幅情况下的摩擦系数变化情况（$f=150$c/min）

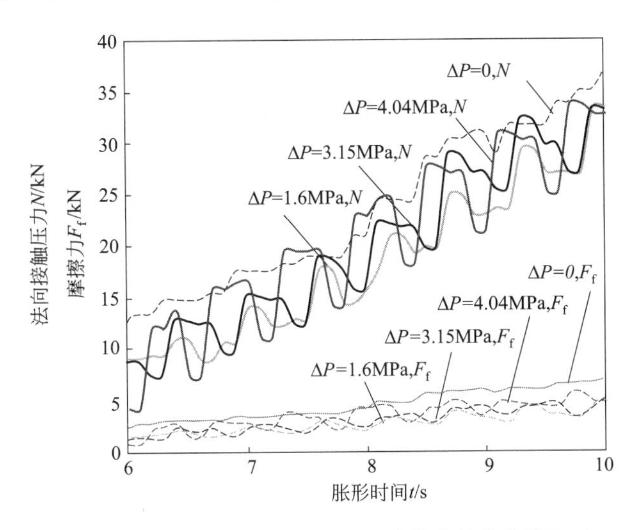

图 5-10　不同脉动振幅情况下的法向接触压力及摩擦力的变化情况（$f=150$c/min）

随着液体压强的增大，管材与下定位圈之间的法向接触压力也增大，促使接触界面的粗糙度下降，从而降低了摩擦系数。

为了更清晰地表示脉动振幅对摩擦系数的影响规律，分别将图 5-9 中每条摩擦系数变化曲线的中位线（反映出摩擦系数平均值的变化情况）提取出，并定义摩擦系数变化曲线的各个峰值与其中位线的平均距离值，作为摩擦系数变化曲线的波动振幅 $\Delta\mu$，结果绘制于图 5-11 中。从该图可看出，无论在哪一种脉动振幅情况下，随着管材液压胀形的进行，摩擦系数中位线均呈下降趋势；并且与非脉动液压胀形相比，脉动液压胀形时的摩擦系数中位线的下降速度更大。而脉动液压胀形对应的四条摩擦系数中位线大致平行，下降速度基本相同，即脉动振幅对摩擦系数下降速度影响较小。此外，液压力的脉动振幅越大，则摩擦系数的振幅 $\Delta\mu$（图中括号内的数值）也越大，但摩擦系数中位线位置越低。这是因为脉动振幅越大，则液压力的峰值也就越大，使试件与模具的接触面积也增大（故摩擦系数的振幅 $\Delta\mu$ 则越大），但同时促使试件表面粗糙度随着塑性胀形而减小，故摩擦系数变小。

从图 5-12 可以看出，与图 5-9 所示的不同脉动振幅条件下摩擦系数的变化规律相似，不同脉动频率下摩擦系数也呈波动变化，只是在脉动液压胀形时波动更大一些。无论是脉动还是非脉动液压胀形，随着管材液压胀形的继续，摩擦系数均呈现下降的趋势。不同的是，低脉动频率（$f=86$c/min）时的摩擦系数峰值均高于非脉动液压胀形时（即 $f=0$）的摩擦系数值。

分别将图 5-12 中摩擦系数变化曲线的中位线，以及以中位线为基准的脉动振幅的 $\Delta\mu$ 值提取出，如图 5-13 所示。从该图中可看出，无论哪一种脉动频率情况下，随着管材液压胀形，摩擦系数中位线均呈下降趋势。在四种脉动频率情况下，对应的四条摩擦系数中位线大致平行，下降的速度基本一样，即脉动频率对摩擦系数下降速度影响较小。此外，液压力的脉动频率越大，摩擦系数中位线位置就越低，摩擦系数的振幅 $\Delta\mu$ 则越大，尽管这个变化不太显著（约为 0.018）。

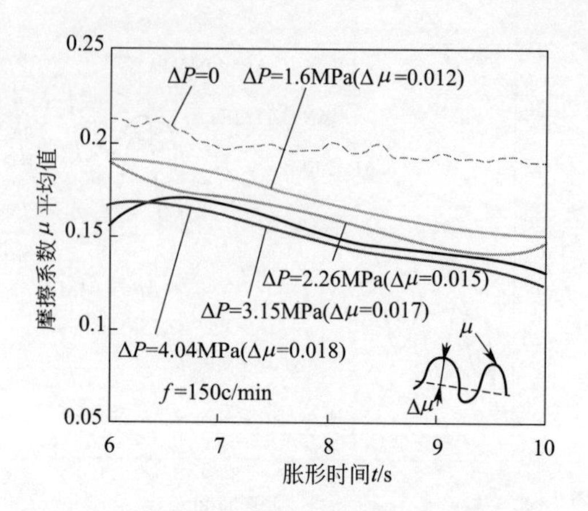

图 5-11　不同脉动振幅时摩擦系数中位线以及摩擦系数振幅 $\Delta\mu$ 的变化情况（$f=150\text{c/min}$）

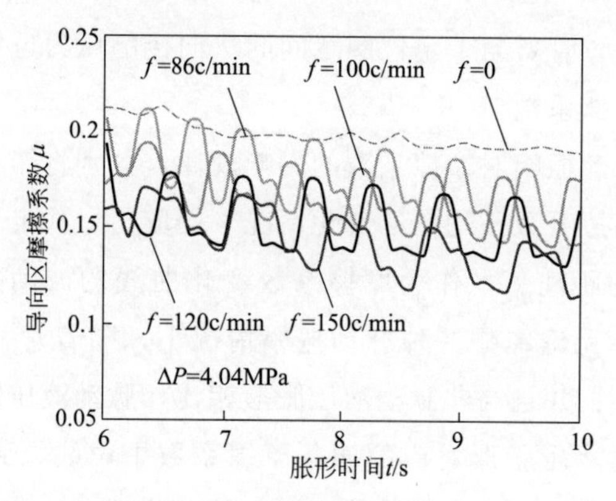

图 5-12　不同脉动频率情况下的摩擦系数变化规律（$\Delta P=4.04\text{MPa}$）

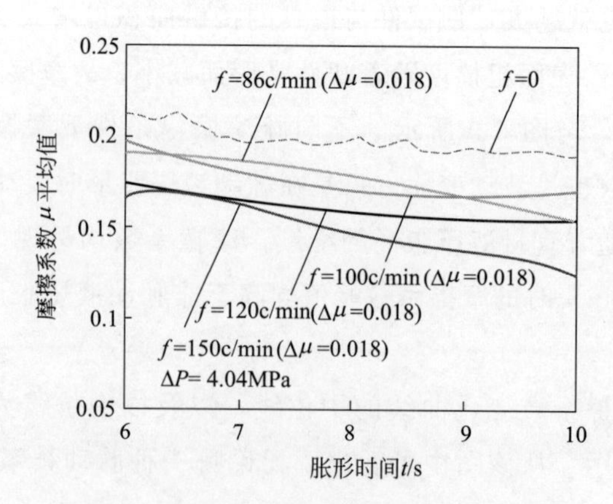

图 5-13　不同脉动频率时摩擦系数中位线以及摩擦系数振幅 $\Delta\mu$ 的变化情况（$\Delta P=4.04\text{MPa}$）

本章小结

在本章中，介绍了一种基于THF的接触压强和摩擦系数测量方法（此方法已获得授权国家发明专利，专利号：ZL201410391496.X）及相应的摩擦测量试验系统，对SS304不锈钢管材进行了脉动、非脉动液压胀形试验。建立管材外表面与模具之间导向区的接触压强与管材内部的液体压强的关系，分析了液压力的脉动振幅和频率对导向区的摩擦系数的影响。基于所述试验研究，可以得出如下结论。

① 在脉动液压胀形中，随着液压力脉动式的增大，管材与模具之间的接触压强也随之脉动式增大。液压力的脉动振幅越大及脉动频率越高，则接触压强的波动也越剧烈。

② 随着管材液压胀形的进行（或随着液压力的增大），管材与模具之间导向区的接触压强逐渐接近，但总是小于液体压强值。脉动振幅越大，接触压强则越接近液体压强，但在脉动频率大小合适时，接触压强才最接近液体压强。当管材液压胀形结束时，接触压强与液体压强相差约20%。可以想象，当管材能够继续产生更大塑性变形而不破裂时，接触压强才可能与液体压强接近相等，此时用液体压强来计算摩擦系数时误差较小。

③ 在不同的液压力的脉动振幅情况下，管材与模具之间的摩擦系数均随着管材液压胀形而呈现脉动式下降趋势；与非脉动液压胀形情况相比，脉动液压胀形时的平均摩擦系数及峰值摩擦系数均更小，下降速度更快。但是，液压力的脉动振幅对此下降速度的影响较小。液压力的脉动振幅越大，摩擦系数则越小，但摩擦系数振幅越大。

④ 在不同液压力的脉动频率情况下，管材与模具之间的摩擦系数均随着管材液压胀形而呈现脉动式下降趋势。但是，脉动频率对此下降速度无明显的影响。与非脉动液压胀形情况相比，脉动液压胀形时的平均摩擦系数要小，但在较低脉动频率时，摩擦系数峰值可能高于非脉动液压胀形时（即 $f=0$）的摩擦系数平均值。液压力的脉动频率越高，平均摩擦系数就越小，但对摩擦系数的脉动振幅无明显影响。

⑤ 以上研究结果表明，与非脉动液压胀形相比，脉动液压胀形在一定程度上减小了管材导向区的摩擦系数，使得材料向胀形区流动更加容易，本研究进一步证明，脉动液压加载方式可以提高管材的成形性。

第6章

管材脉动液压胀形的皱纹类型判别

6.1 概述

在管材液压胀形中出现的起皱现象通常被看成一种成形缺陷。但是，如果在后续的液压胀形过程中，通过液压力的作用能够使皱纹逐渐减小甚至展平的话，则可以将这种起皱看成一种有益起皱，能够利用其来提高管材的成形性；否则就是一种有害起皱，会影响试件的质量及精度。

本章的主要研究工作是，提出两种预测脉动液压加载方式下管材轴压胀形中皱纹类型的方法，分别称为几何预测方法（Geometry-based Discrimination Method，GDM）和力学预测方法（Mechanics-based Discrimination Method，MDM）。首先，利用塑性力学理论等建立起两个皱纹类型判别式，然后在脉动液压加载方式下对SS304不锈钢管材进行轴压胀形试验，根据试验中试件的变形规律及起皱现象，验证这两个皱纹类型判别式的准确性；最后，对两种皱纹类型判别方法进行对比分析[107,108]。

6.2 管材液压成形中起皱的研究现状

管材液压胀形技术（THF）是一种利用高压液体使金属管材在模具内塑性成形的加工技术[109]。与传统的冲压加工工艺相比，具有制件质量轻、刚度高、成本低等特点，所以在航空航天、汽车工业、家用电器等领域得到了较广泛的应用[110]。管材液压胀形的方式有多种。其中，管材轴压胀形是指管材在内部液压力及管端轴向推力共同作用下的胀形（图2-8）。由于管端轴向推力的补料作用，能够有效地提高管材的成形性，可以得到变形量很大的零件[29,111]。但是，当液压力与轴向推力的匹配不合理时，管材会产生屈曲、起皱、破裂等缺陷，其中起皱现象尤为常见[112]。研究表明，在管材轴压胀形时，如果使管材内部的液压力按一定的振幅及频率周期性地、脉动式增加，则轴向补料更加容易。这种脉动液压加载方式会显著提高管材的成形性[113]。

起皱往往会影响制件的质量及精度，因此它被认为是一种缺陷。但是，如果在后续的液压胀形过程中，皱纹能够逐渐减小，甚至被展平的话，这种皱纹就被称为有益皱纹；反之，则为有害皱纹。可将有益皱纹作为一种预成形，通过有效控制它来提高管材的成形性。因此，要充分利用起皱，需要判别其是有益皱纹还是有害皱纹。一些学者开展了研究。2006年，Yuan Shijian 等[114] 对管材液压胀形中皱纹的产生及应变变化过程进行了研究，提出了有益皱纹应满足的应变条件：皱纹处的轴向应变应为负值。2011 年，Yuan Shijian 等[115] 建立了管材轴压胀形中起皱的力学模型，推导了起皱的临界应力解析式，基于该解析式分析了管材的力学性能、几何尺寸以及应力比等对起皱的影响。2011 年，Yang 等[116] 应用模拟和试验手段来揭示加载路径与有益皱纹间的关系，借助加载路径来控制皱纹，使其成为有益皱纹，从而提高了管材的成形性。2011 年，Yuan 等[117] 提出了管材液压胀形中有益皱纹应满足的几何条件及力学条件：几何条件是任意长度的皱纹对应的面积小于该长度对应的模具表面积，其力学条件是皱纹形状参数应大于皱峰的半径。

上述研究基本上是用全量理论来分析常规的管材液压胀形过程中的起皱现象。如何判别脉动液压加载时管材轴压胀形中皱纹类型的研究鲜见报道。考虑到液压加载方式的复杂性，尤其是在脉动液压加载方式下的管材轴压胀形的情况，基于增量理论来判别皱纹类型更具合理性。本章将基于这一思路，提出脉动液压加载时管材轴压胀形中皱纹类型判别的几何预测方法（GDM）和力学预测方法（MDM）。首先分析有益皱纹和有害皱纹时皱谷处材料的壁厚变化，在此基础上基于增量理论推导出皱纹类型的几何判别式；然后根据皱纹是否能够被展平这一直观条件，基于塑性力学、能量法推导出皱纹类型的力学判别式。接着，对 SS304 不锈钢管材进行脉动液压加载方式下的管材轴压胀形试验，通过对比分析试验中试件的变形规律及起皱现象，验证这两个皱纹类型判别式的准确性；最后，对两种皱纹类型判别方法进行了对比和讨论。

6.3 管材液压胀形时皱纹类型的判别

本节将介绍管材轴压胀形中皱纹类型的几何判别式、力学判别式的推导过程。前者基于皱纹几何形态和塑性增量理论来推导，后者基于塑性力学和能量守恒定律来推导。

6.3.1 几何判别式

在本小节中，基于管材皱谷处的厚向应变增量 $d\varepsilon_t$ 的变化情况，应用塑性增量理论推导管材轴压胀形中皱纹类型的几何判别式。这个判别方法称为几何预测方法（GPM）。

如图 6-1 所示的管材轴压胀形，管材放在两个定位圈之间，在液压力 p 和轴向推力 F_z 的共同作用下胀形。管材在胀形区 l_b 内可能产生皱纹。有益皱纹的演变过程可分为四个阶段：产生、增长、减小和展平，参见第 7.2 节。

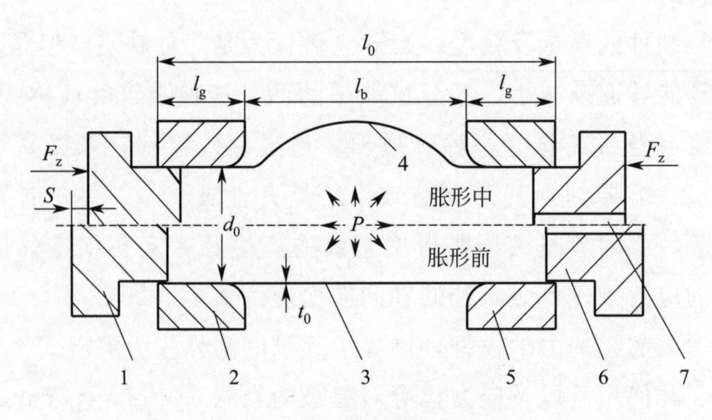

图 6-1　管材轴压胀形原理

1—左挤压头；2—左定位圈；3—管坯；4—试件；5—右定位圈；6—右挤压头；7—通液孔

现以管材轴压胀形过程中的某个皱纹为对象进行分析。如图 6-2 所示，F、V 分别表示试件上皱纹的皱峰与皱谷处位置。在皱纹的演变过程中，皱谷 V 处材料既可能因继续胀形而持续减薄，也可能因材料堆积而持续增厚。但如果皱谷 V 处沿厚向（径向）的应变增量 $d\varepsilon_t=0$，则此时皱谷处材料处于纯剪应变状态；如果 $d\varepsilon_t<0$，则说明皱谷处材料正被逐渐展平，则此皱纹将成为有益皱纹；反之，如果 $d\varepsilon_t>0$，则说明皱谷处材料因过度堆积而无法被展平，起皱将变得更加严重，则此皱纹将成为有害皱纹[118]。

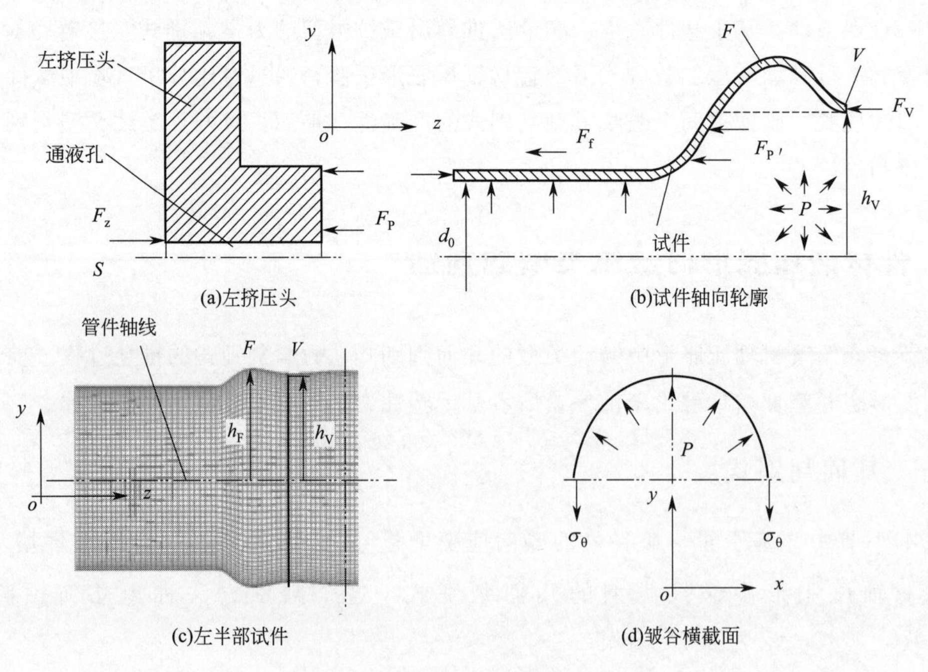

图 6-2　管材轴压胀形的力学模型

F—皱峰；V—皱谷

如图 6-2(a)、(b) 所示，根据静力平衡条件，可以得到试件的皱谷 V 处横截面上所受到的轴向推力 F_V 为

$$F_V = F_z - F_f - F_{P'} - F_P = F_z - \mu\pi d_0\left(l_g - \frac{S}{2}\right)P - \pi\left[h_V^2 - \left(\frac{d_0}{2} - t_0\right)^2\right]P - \pi\left(\frac{d_0}{2} - t_0\right)^2 P \tag{6-1}$$

皱谷 V 处横截面处所受到的轴向应力 σ_z 为

$$\sigma_z = -\frac{F_V}{2\pi h_V t} \tag{6-2}$$

将式(6-1) 代入式(6-2)，得到

$$\sigma_z = -\frac{F_z - \mu\pi d_0\left(l_g - \frac{S}{2}\right)P - \pi h_V^2 P}{2\pi h_V t} \tag{6-3}$$

从图 6-2(d) 可以看出，液压胀形过程中管材的内部受到液压力 P 的作用，在皱谷 V 处横截面上将产生环向应力 σ_θ。由静止力平衡条件可得

$$\sigma_\theta = \frac{P h_V}{t} \tag{6-4}$$

假设材料各向同性，则由塑性增量理论可得皱谷 V 处的厚向应变增量 $d\varepsilon_t$ 为

$$d\varepsilon_t = -\frac{d\varepsilon_e}{2\sigma_e}(\sigma_\theta + \sigma_z) \tag{6-5}$$

式中，等效应变增量及等效应力分别定义为

$$d\varepsilon_e = \frac{2}{\sqrt{3}}\sqrt{d\varepsilon_z^2 + d\varepsilon_z d\varepsilon_\theta + d\varepsilon_\theta^2} \tag{6-6}$$

$$\sigma_e = \sqrt{\sigma_z^2 - \sigma_z\sigma_\theta + \sigma_\theta^2} \tag{6-7}$$

由于管材直径远大于壁厚（即 $d_0/t_0 > 20$），可将管材看作是薄壁管，因此可以忽略厚向应力 σ_t，即 $\sigma_t = 0$。这样，试件的胀形区处于平面应力状态——轴向为压缩应力，环向为拉伸应力。由式(6-6) 和式(6-7) 可知，应有 $d\varepsilon_e > 0$ 和 $\sigma_e > 0$ 成立。故当 $d\varepsilon_t = 0$ 时，由式(6-5) 可得到

$$\sigma_\theta + \sigma_z = 0 \tag{6-8}$$

将式(6-3) 和式(6-4) 代入式(6-8) 中，得

$$\frac{P h_V}{t} - \frac{F_z - \mu\pi d_0\left(l_g - \frac{S}{2}\right)P - \pi h_V^2 P}{2\pi h_V t} = 0 \tag{6-9}$$

从式(6-9) 可得皱谷 V 处的胀形高度 h_V 为

$$h_V = \sqrt{\frac{F_z - \mu\pi d_0\left(l_g - \frac{S}{2}\right)P}{3\pi P}} \tag{6-10}$$

前面提到：欲使皱纹成为有益皱纹，则在皱谷处的厚向应变增量 $d\varepsilon_t < 0$。故由式(6-10)

可得到皱纹类型的几何判别式为

$$h_V > h_c \tag{6-11}$$

这里 $h_c=\sqrt{\dfrac{F_z-\mu\pi d_0\left(l_g-\dfrac{S}{2}\right)p}{3\pi p}}$，为本章定义的临界几何参数。

6.3.2 力学判别式

本小节将介绍基于塑性力学和能量法提出的皱纹类型判别方法。首先，推导出管材轴压胀形时塑性弯曲应变能、周向塑性应变能和外力功的关系式。然后，基于能量法，建立液压力与其他成形参数间的关系式。最后，结合关系式提出预测皱纹类型需要满足的条件。由于该方法是以动力学为基础推导的，因此将其称为皱纹类型的力学判别方法（MDM）。

如图 6-2 所示，以管材轴压胀形中某个皱纹的轴向（纵向）轮廓 FV 为对象进行分析。将其简化为塑性铰线 FV[119]，在后续变形中，它移动到 $F'V'$处，如图 6-3 所示。为了分析方便，特作出以下假设。

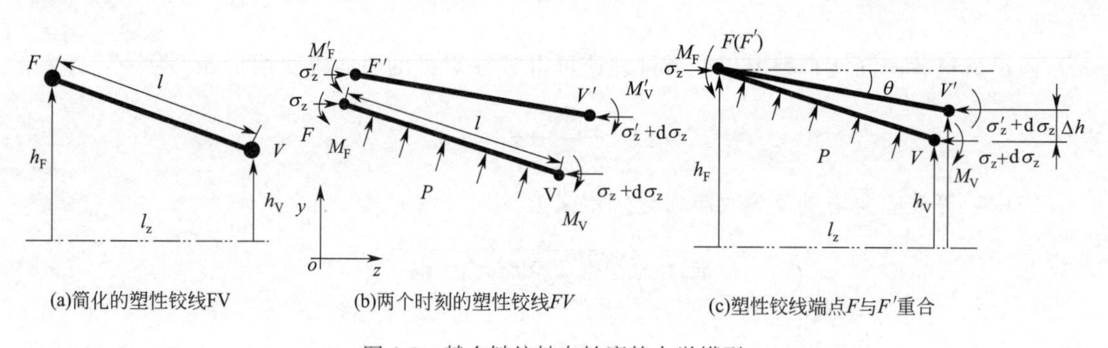

图 6-3 某个皱纹轴向轮廓的力学模型

① 材料均质、各向同性、不可压缩，服从 Von-Mises 屈服准则。

② 忽略弹性变形，外力所做的功全部转换成塑性应变能和克服摩擦力所做的功。

③ 皱纹轮廓的塑性铰线 FV 在变形前后的长度 l 保持不变。

④ 皱峰处 F 的轮廓高度在胀形中保持不变，即 F 与 F'重合，如图 6-3(c) 所示。

在图 6-3(c) 中，当塑性铰线从 FV 处移动到 $F'V'$处时，其塑性弯曲应变能 W_b 为[120]

$$W_b=2\pi M_p(h_F-h_V-l\sin\theta) \tag{6-12}$$

则单位长度塑性模量及塑性铰线长度分别为

$$M_p=\frac{\sigma_e t^2}{2\sqrt{3}} \tag{6-13}$$

$$l=\sqrt{(h_F-h_V)^2+l_z^2} \tag{6-14}$$

在外力作用下，塑性铰线沿着周向变形而消耗的周向塑性应变能 W_c 为

$$W_c=\int 2\sigma_e|\varepsilon_e|V d\theta \tag{6-15}$$

则等效应变及皱峰与皱谷之间的材料体积分别为

$$\varepsilon_{e}=\frac{d\varepsilon}{d\theta}=\frac{d}{d\theta}\left[\frac{\pi(h_{F}-h_{V}-l\sin\theta)}{\pi h_{V}}\right] \tag{6-16}$$

$$V=\frac{\pi(h_{F}^{2}+h_{V}^{2}+h_{F}h_{V})l_{z}}{3} \tag{6-17}$$

塑性铰线 FV 处于胀形区内，与模具无接触，其内部仅受到液压力作用，可以认为摩擦力做功 $W_{f}\cong 0$。这样，塑性铰线从 FV 运动到 $F'V'$ 的过程中，外力所做的功 W_{e} 是液压力所做的功 W_{P} 和轴向推力 F_{z} 所做的功 $W_{F_{z}}$ 之和，即

$$W_{e}=W_{P}+W_{F_{z}} \tag{6-18}$$

则由液压力所做的功 W_{P} 和轴向推力 F_{z} 所做的功 $W_{F_{z}}$ 分别为

$$W_{P}=P\Delta V=P\left\{\frac{\pi}{3}[h_{F}^{2}+h_{F}(h_{F}+l\sin\theta)+(h_{F}+l\sin\theta)^{2}]l_{z}-\frac{\pi}{3}(h_{F}^{2}+h_{F}h_{V}+h_{V}^{2})l_{z}\right\} \tag{6-19}$$

$$W_{F_{z}}=F_{z}\frac{l\cos\theta-l_{z}}{2} \tag{6-20}$$

由能量法可知，塑性铰线 FV 在塑性变形过程中，外力所做的功（W_{e}）将全部转变为弯曲变形能（W_{b}）、周向塑性变形能（W_{c}）和接触摩擦力所做的功（W_{f}，$W_{f}\cong 0$）之和[121]，即

$$W_{e}=W_{b}+W_{c}+W_{f} \tag{6-21}$$

由式(6-12)、式(6-15)、式(6-18)～式(6-20) 可得

$$P=\frac{\frac{l\cos\theta-l_{z}}{2}F_{z}+\frac{\pi\sigma_{e}t^{2}}{\sqrt{3}}(h_{F}-h_{V}-l\sin\theta)+2\pi\sigma_{e}\frac{(h_{F}-h_{V}-l\sin\theta)(h_{F}^{2}+h_{V}^{2}+h_{F}h_{V})l_{z}}{3h_{V}}}{\left\{\begin{array}{l}\left[\mu\pi d_{0}\left(l_{g}-\frac{S}{2}\right)+\pi h_{V}^{2}\right]\frac{l\cos\theta-l_{z}}{2}\\-\frac{\pi}{3}l_{z}(2h_{F}^{2}+3h_{F}l\sin\theta+l^{2}\sin^{2}\theta-h_{F}h_{V}-h_{V}^{2})\end{array}\right\}} \tag{6-22}$$

设 $m=\frac{l\cos\theta-l_{z}}{2}$

$$n=\frac{\pi\sigma_{e}t^{2}}{\sqrt{3}}(h_{F}-h_{V}-l\sin\theta)+2\pi\sigma_{e}\frac{(h_{F}-h_{V}-l\sin\theta)(h_{F}^{2}+h_{V}^{2}+h_{F}h_{V})l_{z}}{3h_{V}}$$

$$q=\left\{\begin{array}{l}\left[\mu\pi d_{0}\left(l_{g}-\frac{S}{2}\right)+\pi h_{V}^{2}\right]\frac{l\cos\theta-l_{z}}{2}\\-\frac{\pi}{3}l_{z}(2h_{F}^{2}+3h_{F}l\sin\theta+l^{2}\sin^{2}\theta^{2}-h_{F}h_{V}-h_{V}^{2})\end{array}\right\}$$

则式(6-22) 可重新写成

$$P=\frac{mF_{z}+n}{q} \tag{6-23}$$

从图 6-3(c) 中可知，当皱纹刚好处于展平状态时，即塑性铰线 FV 从倾斜状态变成水平状态，甚至在后续胀形中可能变形凸起状态时，有 $\theta=0$，将其代入式(6-23) 中，得到皱纹被展平的临界液压力值

$$P_c=\frac{m_c F_{zc}+n_c}{q_c} \qquad (\theta=0) \tag{6-24}$$

如果液压力继续增大，足以使皱纹材料向外展平，则此皱纹将成为有益皱纹，故得到有益皱纹的力学判别式

$$P>P_c \tag{6-25}$$

6.4 管材轴压胀形试验研究

本节通过脉动液压加载方式下的管材轴压胀形试验来验证在第 6.3 节中推导的皱纹类型判别式(6-11) 和式(6-25)。试验在自行开发的脉动液压胀形试验系统（图 2-3）上进行。下面分别介绍液压胀形试验条件及试验过程。

6.4.1 试验条件

在管材轴压胀形试验中，采用了 SS304 不锈钢管材，其几何参数及力学性能指标如表 6-1 所示。对比表 5-1 可以看出，由于生产厂家、批次不同，其力学性能稍有差异。

表 6-1 SS304 不锈钢管材的初始几何参数和力学性能指标

参数	数值	参数	数值
初始外径 d_0/mm	32	屈服强度 σ_s/MPa	410
初始壁厚 t_0/mm	0.6	强度系数 K/MPa	1623
初始长度 l_0/mm	110	硬化指数 n	0.43
胀形长度 l_b/mm	48		

试验中采用的脉动液压加载方式如图 2-2(a) 所示，脉动液压参数如表 6-2 所示。其中 ΔP 表示液压力 P 的脉动振幅，而 f 表示液压力的脉动频率。

表 6-2 本试验中采用的脉动液压参数

序号	最大液压力 P_{max}/MPa	轴向进给量 S/mm	脉动频率 f/(c/min)	脉动振幅 ΔP/MPa
1	26	14	5	2.3
2	28	10	5	3.2
3	32	12	5	4.0
4	24	16	5	1.7
5	26	14	5	2.7
6	28	12	5	3.4

在第 2.3 节所介绍的脉动液压胀形试验系统上进行脉动液压加载方式下的管材轴压胀形试验。该系统主要由液压产生系统（见第 2.3.1 节）、脉动产生系统（见第 2.3.2 节）、液压

胀形试验装置（见第 2.4.2 节）和数据采集系统（见第 2.5.2 节）四个部分构成。

6.4.2 试验过程

液压胀形试验过程：将管材放入图 2-9 所示的轴压胀形试验装置内，再放置到水涨机工作台上（图 2-10）。由水涨机的上滑块及工作台来锁紧上、下模，而左、右两个挤压头分别安装于水涨机左、右滑块上，对管材两端进行密封和轴向补料。从脉动产生系统产生的具有一定脉动振幅 ΔP 和频率 f 的高压液体进入管材内，同时左、右两个挤压头对管材两端施加轴向推力 F_z，即管材在内部液压力和轴向推力共同作用下实现轴压胀形过程。在整个液压胀形过程中，两个液压传感器分别实时采集液压产生系统、脉动产生系统的输出液压力 P_0 和 P，力传感器和位移传感器分别采集轴向推力 F_z 及轴向进给量 S，并均在数据记录仪中存储和显示。同时，使用第 2.5.2 节介绍的“DIC 高速散斑机”来同步、实时、高速（帧频为 340 帧）检测管材液压胀形过程中各时刻的散斑云图像（变形图像）。

液压胀形试验后，通过专门的系统软件对变形散斑云图像进行分析和计算。根据此分析和计算结果，即可获得试件的胀形区各点瞬时的壁厚减薄率、皱谷的胀形高度 h_V、皱峰的胀形高度 h_F 及峰谷间轴向长度 l_z、皱谷处材料的壁厚 t 等变形数据。这些数据是验证第 6.3 节中的两个判别式必需的数据。

6.5 皱纹类型预测结果讨论与分析

在本节中，首先基于管材轴压胀形试验的变形数据，分析皱谷处材料不同变形时刻的壁厚减薄率，对比胀形区内产生有益皱纹、有害皱纹时壁厚的变化特点，检验第 6.3.1 节中几何预测方法（GDM）中所用到的皱谷 V 处的厚向应变增量 $d\varepsilon_t$ 的变化情况。然后基于试验变形数据，分别代入第 6.3.1 节中的皱纹类型的几何判别式(6-11) 和第 6.3.2 节中的皱纹类型的力学判别式(6-25) 中，从理论上预测皱纹类型，并与试验结果比较，验证两个皱纹类型判别式的准确性。最后，对比分析两种皱纹类型判别方法的特点。

6.5.1 试件的壁厚分析

图 6-4 为不同脉动液压参数条件下得到胀形试件。在液压胀形过程中，在试件上均观察到了有益皱纹（序号 1～3 的试件）和有害皱纹（序号 4～6 的试件）现象，而在液压胀形结束后，后者上依然残留有皱纹。

从表 6-2 中选取序号 1 和序号 4 对应的脉动液压参数下的胀形试件，对比分析它们在两个时刻皱谷处的壁厚减薄率。从图 6-5(a)、(b) 可知，对于序号 1 的试件，在 17.2 s 和 18.1 s 两个变形时刻，皱谷处壁厚减薄率分别为 9.1913%和 12.3048%；而从图 6-5(c)、(d) 可知，对于序号 4 的试件，在 11.2 s 和 13.6 s 两个变形时刻，皱谷处壁厚减薄率分别为－1.2796%和－2.3452%。将此结果与图 6-4 进行对比，不难理解：若产生的皱纹为有益皱纹，则皱谷处材料的壁厚减薄率增大，即此处的壁厚在减薄；若产生的皱纹为有害皱纹，则对应的壁厚减薄率会减小，即此处的材料产生堆积现象。这些结果与第 6.3.1 节中提到的皱谷 V 处厚向应变增量 $d\varepsilon_t$ 的变化规律是基本一致的。

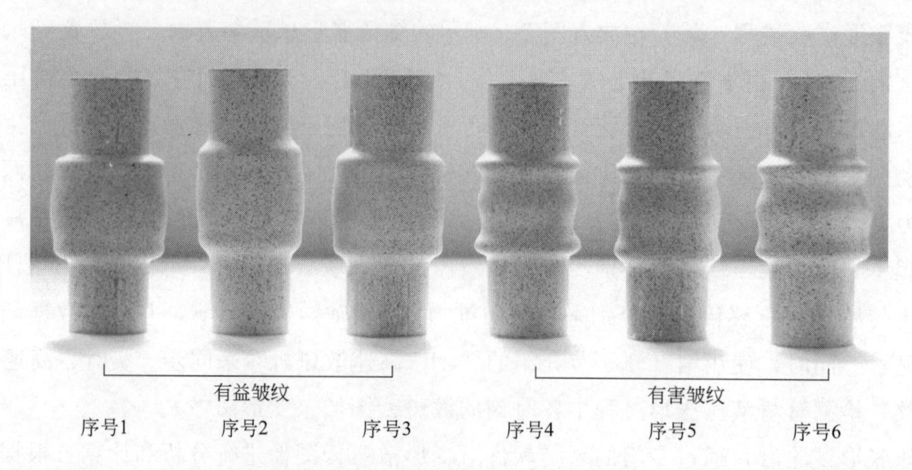

图 6-4　不同脉动液压参数条件下得到胀形试件（序号为 1 ~ 6 的试件分别对应表 6-2 中的序号 1 ~ 6 的脉动液压参数下胀形得到的试件）

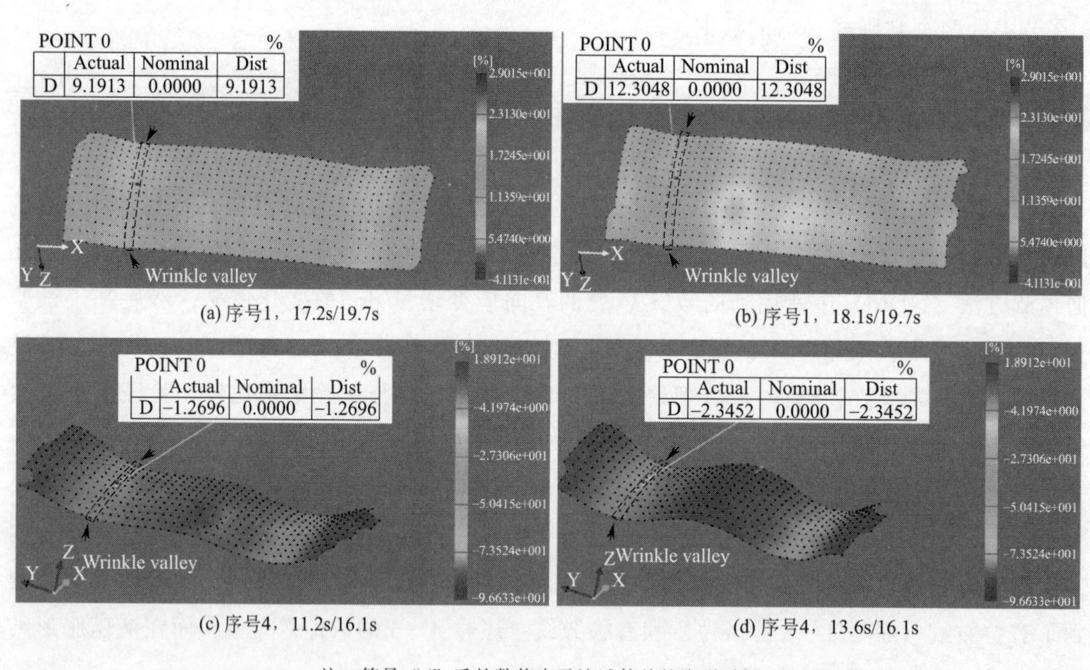

注：符号“/”后的数值表示该试件总的胀形时间。

图 6-5　在不同脉动液压参数下（表 6-2）轴压胀形试验中试件的壁厚分布

6.5.2　皱纹类型判据的验证

本小节中，应用管材轴压胀形试验结果，来验证第 6.3.1 节和第 6.3.2 节推导出的几何判别式(6-11) 与力学判别式(6-25) 的正确性。基本方法是：将基于表 6-2 中 6 组脉动液压参数获得的胀形时刻 T_i 的变形数据，分别代入式(6-10）和式(6-23）中，即可分别得到成形参数 h_V 和 P；再分别代入式(6-11）和式(6-24）中，即可分别得到临界几何值 h_c 和临界液压力值 P_c。然后，根据几何判别式(6-11）与力学判别式(6-25)，分别将 h_V 与 h_c，P 与 P_c 进行对比，来预测皱纹的类型。最终将预测结果与试验结果进行对比，检验两种预测结果的准确性，结果如表 6-3 所示。从表 6-3 可以看出，预测结果与试验结果基本匹配，仅对于第 4 组的脉动液压参数情况，力学判据与试验结果出现了不匹配现象。整体上看，两种判别式均能较有效地判别起皱的类型。

表 6-3　基于几何预测方法（GDM）和力学预测方法（MDM）预测皱纹类型的结果
（参数 T_i 和 T 分别表示采样时刻及胀形总时间）

序号	时间比 T_i/T/s	测量值 h_V/mm	测量值 h_F/mm	测量值 l_y/mm	测量值 t/mm	测量值 P/MPa	测量值 S/mm	测量值 F_z/kN
1	15.2 / 19.7	18.767	19.563	5.744	0.580	22.8	6.821	89.301
2	11.1 / 16.8	19.521	20.569	5.205	0.547	24.2	8.518	78.321
3	16.8/19.9	18.731	19.985	7.342	0.568	27.1	8.438	86.533
4	11.3/15.8	17.442	19.080	4.841	0.642	19.3	13.120	131.957
5	11.2/16.2	18.542	20.769	5.622	0.601	19.7	14.443	141.300
6	12.4/16.1	18.454	20.981	5.380	0.574	20.8	10.560	111.969

序号	计算等效应力 σ_e/MPa	计算极值 h_c/mm	计算极值 P_c/MPa	基于 GDM 预测的皱纹类型	MDM 预测的皱纹类型	试验中的皱纹类型
1	1350.370	17.487	11.610	$h_V>h_c$，有益皱纹	$P>P_c$，有益皱纹	有益皱纹
2	1286.031	17.543	13.183	$h_V>h_c$，有益皱纹	$P>P_c$，有益皱纹	有益皱纹
3	1392.481	17.399	18.989	$h_V>h_c$，有益皱纹	$P>P_c$，有益皱纹	有益皱纹
4	1847.951	26.323	19.161	$h_V<h_c$，有害皱纹	$P>P_c$，**有益皱纹**	**有害皱纹**
5	2004.387	27.006	24.895	$h_V<h_c$，有害皱纹	$P<P_c$，有害皱纹	有害皱纹
6	1684.098	23.171	22.986	$h_V<h_c$，有害皱纹	$P<P_c$，有害皱纹	有害皱纹

6.5.3　皱纹类型预测方法对比

根据上述皱纹类型的预测结果和试验结果的对比分析，可以得到几何预测方法（GDM）和力学预测方法（MDM）的特点如下。

① 在几何判别式中，临界几何值 h_c 与管坯的初始几何尺寸（d_0、l_g）和液压加载参数（P、S、F_z）有关系；而在力学判别式中，临界液压力值 P_c 还与胀形中的皱纹几何尺寸（h_V、h_F、l_z）及材料参数（σ_e）等因素有关。后者涉及更多的参变量，因此，皱纹类型预测结果出现偏差的可能性也就比较大。

② 为方便推导力学判别式，使用了较多的假设条件，如假设皱纹轮廓的塑性铰线 FV 在变形前后的长度保持 l 不变等。由此可能造成计算出的临界压力值 P_c 不太精确，皱纹类型预测结果出现偏差的可能性也就比较大。

③ 几何判别方法是基于皱谷处材料是继续减薄还是继续堆积这一条件，并且需要采集

的变形数据点位置集中位于皱纹的皱谷处；而力学判别方法是基于皱纹材料是否能被展平（即皱纹的皱谷与皱峰之间的轴向轮廓由凹形变成水平，甚至变成凸形）这一条件，并且需要采集的变形数据点位置分散于皱谷与皱峰之间的区域。总之，几何判别方法所需要的变形数据的获取更加可靠，得到的皱纹类型预测结果也就更加精确。

本章小结

本章提出了有益起皱及有害起皱类型的判别方法——几何判别方法与力学判别方法，并用脉动液压加载方式下管材轴压胀形试验来验证所提出的方法的准确性，对比分析了两种方法的特点，可以得出以下结论。

① 基于塑性增量理论及试件胀形区的皱谷处材料的壁厚变化，推导出预测皱纹类型的几何判别式：当皱谷处材料的胀形高度 h_V 大于其临界几何值 h_c 时（即 $h_V > h_c$），表明皱谷处材料能够在后续液压力的作用下继续减薄，那么该处皱纹将成为有益皱纹；相反，当皱谷处材料的胀形高度 h_V 小于其临界几何值 h_c 时（即 $h_V < h_c$），说明后续的液压力不足以使皱谷处材料继续减薄（即材料会继续增厚），则皱纹不能被展平，成为有害皱纹。

② 基于能量法及试件的胀形区皱纹是否能够被展平等条件，推导出预测皱纹类型的力学判别式：当液压力 P 大于临界压力值 P_c 时（即 $P > P_c$），则在后续液压力的作用下，皱谷与皱峰之间的轴向轮廓将由凹形变成水平，甚至可能变成凸形，则该皱纹是有益皱纹；反之，则为有害皱纹。

③ 管材的轴压胀形试验表明，本章提出的几何判别方法与力学判别方法都可以有效地预测皱纹类型。在本试验条件下，几何判别方法全部成功预测了皱纹类型，而力学判别方法有预测失败个例。这可能是因为，与几何判别方法相比，力学判别方法涉及的参变量多、假设多、变形数据采集点分散的缘故。

第7章 脉动液压加载时管材轴压胀形的起皱规律

7.1 概述

在管材轴压胀形中，若要利用皱纹来提高管材的成形性，首先要了解起皱规律。本章中，通过轴压胀形试验和模拟方法来观测有益皱纹与有害皱纹的演变过程。其次，根据皱纹的演变特点，提出一个评估起皱程度的指标 I，然后，基于试验和模拟结果，分析脉动液压对起皱的影响规律。最后，提出皱纹类型路径分布图，并建立起皱程度指标 I 与成形参数（P，S，F_z）间的关系，为皱纹的控制与利用提供指导[107]。

7.2 皱纹的演变过程

试验及模拟表明，在管材轴压胀形中，如果轴向推力或轴向进给量过大，在管材胀形区内会产生形态各异的皱纹，如图 7-1 所示。

在管材轴压胀形中，随着胀形的进行，皱纹会发生系列演变[122]。如第 6 章所述，可将皱纹分为有益皱纹和有害皱纹。

有益皱纹的演变经历了四个阶段：产生、增长、减小和展平，如图 7-2(a) 所示。0s 时刻管材处于尚未变形的初始状态；3.4s 时皱纹开始产生；在 11.7s 时，随着轴向进给量的增大，皱纹逐渐增长。但从 17.3s 开始一直到 21.2s，由于持续增大的液压力的作用，皱纹逐渐减小并被展平，最终得到无皱纹的试件。

有害皱纹的演变经历了三个阶段：皱纹产生、增长和减小，如图 7-2(b) 所示。3.5s 时刻皱纹开始产生；在 11.9s 和 14.8s 时刻，虽然液压力在持续增大，但因轴向进给量更大，皱纹还是在明显增大。在 16.2s 时，皱纹虽然有所减小，但是难以被展平，最终保留在试件上。

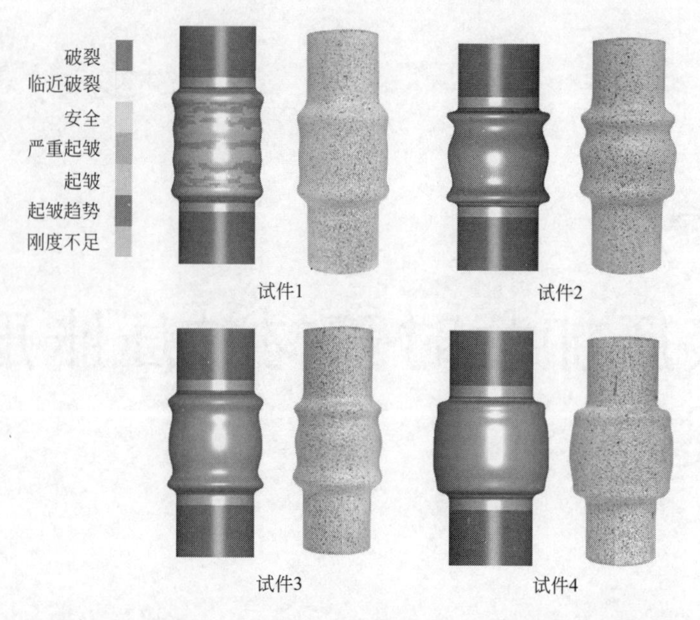

图 7-1　管材轴压胀形中的起趋现象　[试验（右)与模拟（左）结果对比]

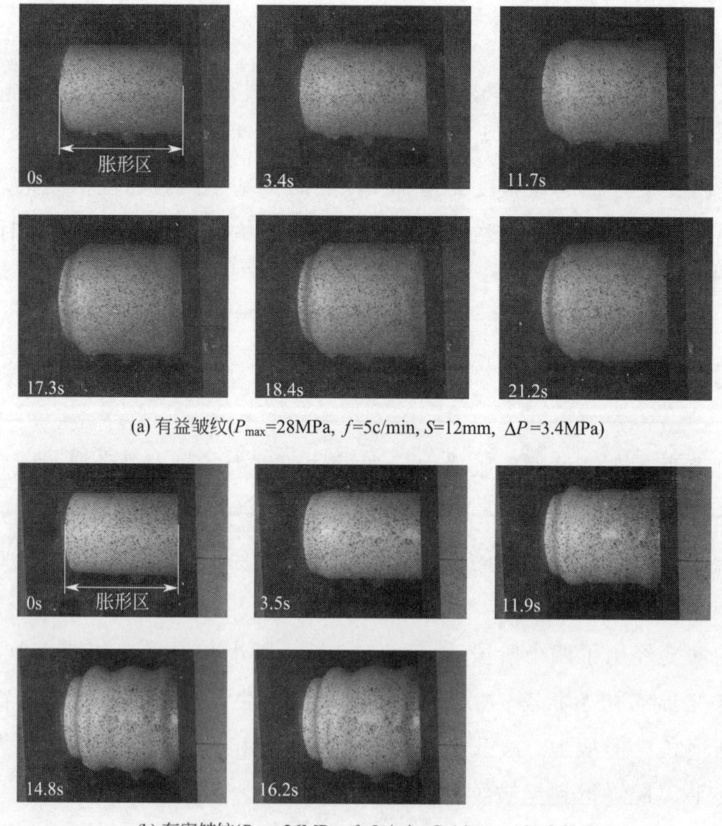

(a) 有益皱纹(P_{max}=28MPa, f=5c/min, S=12mm, ΔP=3.4MPa)

(b) 有害皱纹(P_{max}=26MPa, f=5c/min, S=14mm, ΔP=2.3MPa)

图 7-2　管材轴压胀形试验中皱纹的演变过程

7.3 起皱程度的评估

为了研究管材轴压胀形时的起皱规律，首先需要合理地评估起皱程度。评估方法目前主要有：几何识别法[57]、分叉理论[123] 和能量法[124] 三种。本节提出一个基于几何识别法的评估指标 I，用来表示起皱程度及起皱朝向。

如图 7-3 所示，假设该轴向皱纹的轮廓形状为正弦波形，波长为 λ，振幅为 a，则可用下列函数表示该皱纹形状

$$y(z)=\frac{a}{2}\sin\left(\frac{2\pi}{\lambda}z\right) \tag{7-1}$$

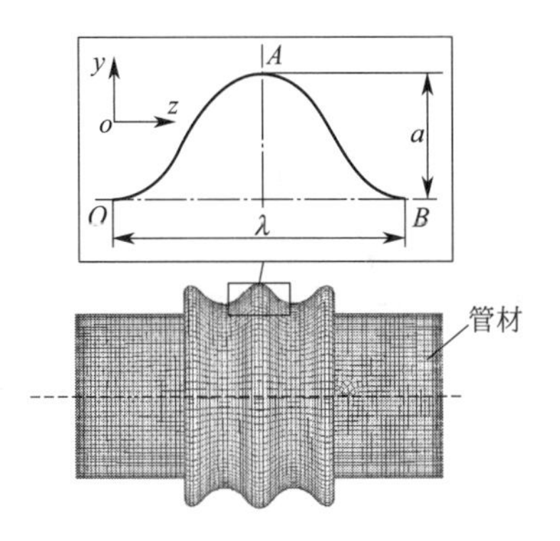

图 7-3　管材轴压胀形中一个轴向皱纹的示意图

通过积分可以得到该轮廓曲线的长度 l_{OAB} 为

$$l_{\mathrm{OAB}}=\lambda+\frac{\pi^2 a^2}{4\lambda} \tag{7-2}$$

或

$$\frac{l_{\mathrm{OAB}}-\lambda}{\lambda}=\frac{\pi^2 a^2}{4\lambda^2} \tag{7-3}$$

在管材轴压胀形中，由于皱纹的轮廓尺寸变化较小，故用式(7-3) 计算得到的数值较小，为便于分析和应用，将其计算结果乘以 10^5 放大后，用一个新变量 I 来表示[125]

$$I=\frac{\pi^2 a^2}{4\lambda^2}\times 10^5 \tag{7-4}$$

用符号 k 来表示振幅与波长之比，即 $k=a/\lambda$，则式(7-4) 可以重新写成

$$I=\frac{\pi^2}{4}\times k^2\times 10^5 \tag{7-5}$$

管材轴压胀形时，皱纹的产生主要是由于轴向推力的结果，皱纹沿径向可能是外凸

的（当 $k>0$ 时），也可能是沿径向内凹的（当 $k<0$ 时）。将管材胀形区的皱纹几何尺寸代入式(7-5)，就能计算出变量 I 的数值，用于评估皱纹大小。故将 I 称为起皱程度指标。

从管材轴压胀形的模拟结果中，提取每隔 1.5mm 的轴向进给量 S 对应的变形数据，代入式(7-5) 中，计算出胀形过程中起皱程度指标 I 的变化情况，如图 7-4 所示。从此图可以看出，无论是脉动还是非脉动液压加载方式下，当轴向进给量 S 达到一定大小时（如 $S=4.5$mm 时），在管材的胀形区内开始出现皱纹。而且，随着轴向进给量 S 的增大，I 呈现先增大后减小的趋势，即起皱程度逐渐增加，而后逐渐减小。在轴向进给量相同的情况下，最大液压力越小，则起皱程度越大。这表明可以用 I 值来评估起皱的程度。

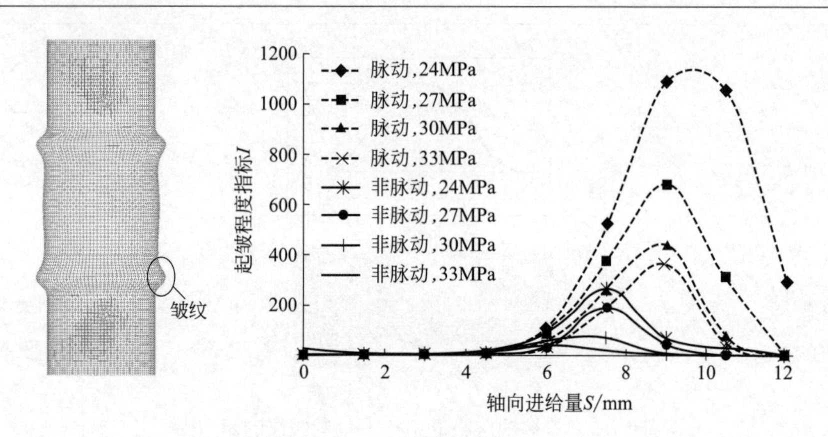

图 7-4　基于管材轴压胀形模拟得到的起皱程度指标 I 的变化情况（图中 24MPa 等数值为最大液压力值）

从图 7-4 还可以看出，与非脉动液压加载方式相比，脉动液压加载方式下的起皱程度更大。原因可能是：脉动液压加载方式增强了材料的流动性，促进更多的材料向胀形区内流动，从而更加容易造成材料的局部过分堆积。

7.4　脉动液压对起皱的影响

7.4.1　脉动振幅的影响

设定最大液压力 $P_{max}=29$MPa、脉动频率 $f=4$c/min、轴向进给量 $S=24$mm，并将脉动振幅 ΔP 分别设定为 1MPa、2MPa、3MPa、4MPa、5MPa，然后分别进行管材轴压胀形试验。

将试验结果的相关数据代入式(7-5) 中，计算出胀形过程中各时刻的起皱程度指标 I，其变化如图 7-5 所示。从图中可以看出，随着脉动振幅 ΔP 的增大，I 值减小，即起皱有减小趋势。图 7-6 所示为管材胀形区内轴向轮廓的变化情况。其中图 7-6(b)～(e) 的皱纹数量为 3 个，而图 7-6(f) 皱纹数量为 2 个。即当脉动振幅 ΔP 大时，管材胀形区内的皱纹数量有减少趋势。

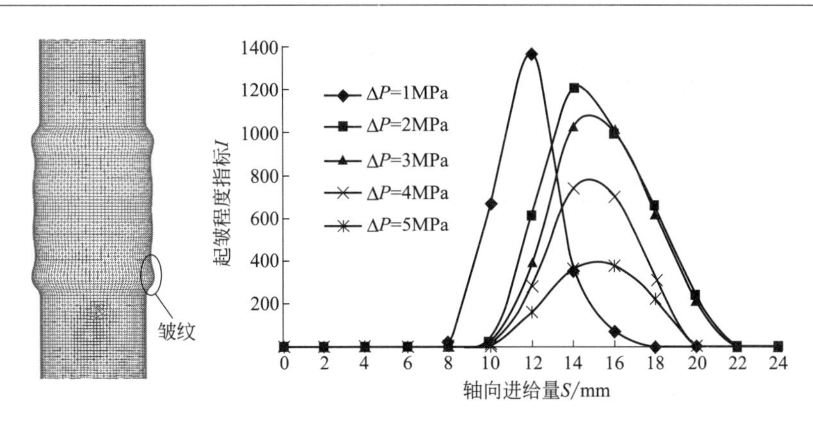

图 7-5　液压力的脉动振幅对起皱程度的影响

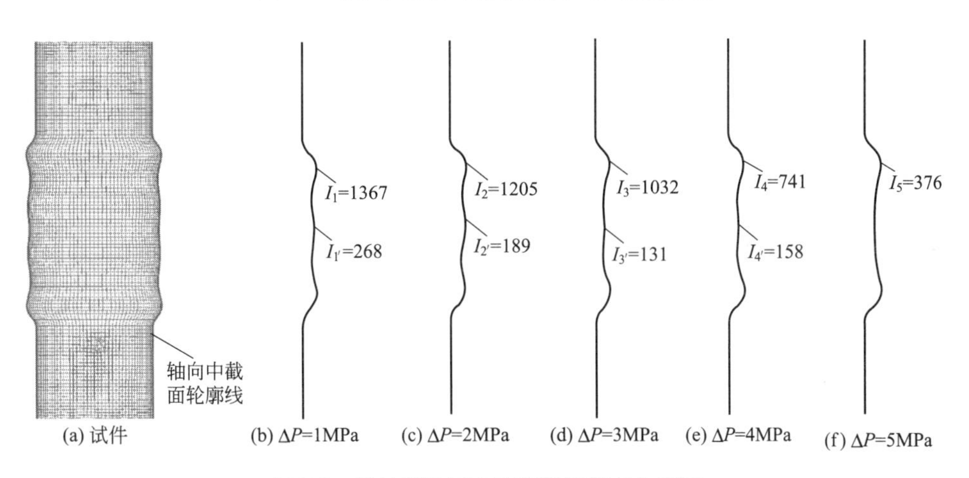

图 7-6　管材胀形区内轴向轮廓的变化情况

7.4.2　脉动频率的影响

将最大液压力 P_{max} 依次设定为 26MPa、29MPa、32MPa，脉动振幅 $\Delta P=3$MPa，轴向进给量 $S=24$mm，将脉动频率 f 分别设定为 3c/min、4c/min、5c/min、6c/min、7c/min，然后分别进行管材轴压胀形试验。

将试验结果的相关数据代入式(7-5) 中，计算出胀形过程中各时刻的起皱程度指标 I，其变化如图 7-7 所示。从图中可以看出，随着脉动频率 f 的增大，I 值增大，即起皱程度更大。产生该现象的可能原因是，高的脉动频率有助于导向区的摩擦力交替变化更快，促进更多的材料向变形区内流动，从而更加容易造成材料的局部过分堆积。由表 7-1 可以看出，在某段脉动频率（$f=4\sim6$c/min）间，管材胀形区内产生的皱纹数量最多。

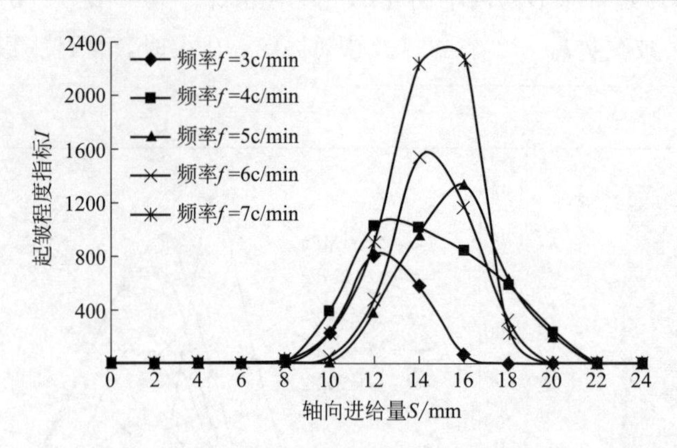

图 7-7 液压力的脉动频率对起皱程度的影响（$P_{max}=29$MPa）

表 7-1 液压力的脉动频率与所产生的皱纹数量的关系

最大液压力	脉动液压频率 f/(c/min)									
P_{max}/MPa	1	2	3	4	5	6	7	8	9	10
26	2	2	3	4	4	4	3	3	3	3
29	2	2	3	4	4	4	3	3	3	3
32	2	2	3	4	4	4	3	3	3	3

7.5 管材轴压胀形时皱纹的控制与利用

皱纹产生后，如果能在后续的液压胀形过程中使其减小甚至被展平，则该皱纹为有益皱纹，就可以充分利用有益皱纹来提高管材的成形性。为此，需要设计合理的加载路径，使皱纹转化成有益皱纹[126]。在本节中，将创建皱纹类型路径分布图，用于指导产生不同类型的皱纹，实现对有益皱纹的控制与利用，从而提高管材液压胀形的成形性。然后，基于能量法建立起皱程度与成形参数间的关系，并通过试验及模拟验证其可行性。

7.5.1 皱纹类型路径分布图的创建

如图 7-8 所示，在管材轴压胀形的初始阶段，根据周向静力学平衡条件可得

$$2t_0 l_0 \sigma_s = 2(r_0 - t_0) P_s l_0 \tag{7-6}$$

这样，管材初始屈服时所需的液压力为

$$P_s = \frac{t_0 \sigma_s}{r_0 - t_0} \tag{7-7}$$

由于是薄壁管材，可以忽略厚向应力 σ_t，认为管材处于平面应力状态，则其发生破裂时的最大液压力为[127]

$$P_{max} = k\left(\frac{2n}{3e}\right)^n \frac{t_0}{r_0 - t_0} 0.866^{n-1} \tag{7-8}$$

由皱纹类型的几何判别式(6-11)，可得有益皱纹的轴向推力为

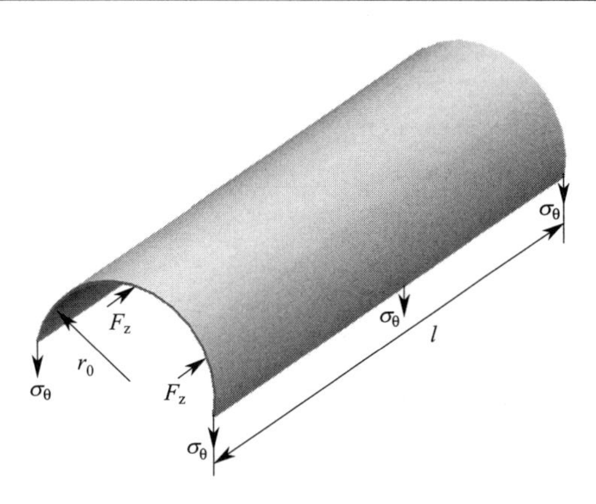

图 7-8 管材轴压胀形初始时刻的力学模型

$$F_z \leqslant \left[3\pi h_c^2 + 2\mu\pi r_0\left(l_g - \frac{S}{2}\right)\right]P \tag{7-9}$$

若皱纹刚好处于展平状态时，则应有 $\theta = 0$［见图 6-3（c）］。

另一方面，也可由式(6-22)，得有益皱纹时的轴向推力为

$$F_z \leqslant \frac{\left\{\begin{array}{l}\left[2\mu\pi r_0\left(l_0 - \frac{S}{2}\right) + \pi h_V^2\right]\frac{l-l_z}{2} \\ -\frac{\pi}{3}l_z[2h_F^2 - h_V h_F - h_V^2]\end{array}\right\}P - \frac{\pi\sigma_s t^2}{\sqrt{3}}(h_F - h_V) - 2\pi\sigma_e t\frac{(h_F^2 - h_V^2)l_z}{h_V}}{\frac{l-l_z}{2}} \tag{7-10}$$

由图 6-2(b) 可以看出，当皱纹类型为有益皱纹时，皱谷应逐渐沿径向外凸胀大。故皱谷 V 处的胀形高度应为 $h_V \geqslant d_0/2$，则由式(6-10) 可以得到

$$F_z \geqslant \left[3\pi r_0^2 + 2\mu\pi r_0\left(l_g - \frac{S}{2}\right)\right]P \tag{7-11}$$

根据轴压胀形的成形特点[128]，基于式(7-7)～式(7-10)，可以绘制出管材轴压胀形中皱纹类型路径分布图，如图 7-9 所示。此皱纹类型路径分布图，可用于指导产生不同类型的皱纹，实现对有益皱纹的控制与利用，从而达到利用皱纹的目的。

7.5.2 起皱程度与成形参数的关系

在管材轴压胀形中，起皱程度不仅与加载路径密切相关，也与皱纹的位置有关。因此，建立起皱程度与加载路径、成形参数、材料参数等的关系一直是难题[116]。本节将依据功的平衡表达式(6-21)，尝试建立起皱程度与成形参数间的关系，并通过管材轴压胀形试验数据

来初步验证所建立关系式的准确性。

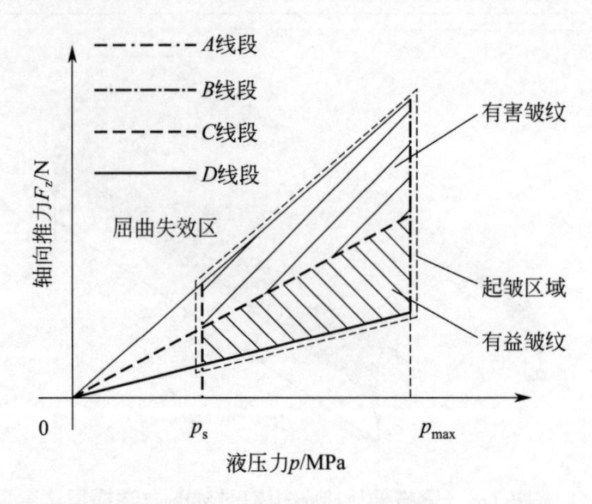

图 7-9　皱纹类型路径分布图 ［A 线段、B 线段、C 线段、D 线段由式（7-7）~式（7-11）得到］

(1) 理论推导

如图 6-3(c) 所示，假设皱纹轮廓的塑性铰线 FV 在变形前后的长度 l 保持不变，V 点移动到 V' 点时在 y 轴方向上的移动距离 Δh 为

$$\Delta h = h_F - h_V - l\sin\theta \tag{7-12}$$

塑性铰线 $F'V'$ 在 z、y 轴上的投影长度 l_2 和 l_3 分别为

$$l_2 = l\cos\theta = \sqrt{l^2 - (h_F - h_V - \Delta h)^2} \tag{7-13}$$

$$l_3 = l\sin\theta \tag{7-14}$$

将式(7-12)~式(7-14) 代入式(6-22)，可得

$$\sigma_e\left[\frac{t^2}{\sqrt{3}} + \frac{2(h_F^2 + h_V^2 + h_F h_V) l_z}{3h_V}\right]\Delta h + \frac{l_z}{3}(2h_F^2 + 3h_F l_3 + l_3^2 - h_F h_V - h_V^2)P$$
$$= \frac{l_2 - l_z}{2}\left[\mu d_0\left(l_g - \frac{S}{2}\right)P + h_V^2 P - \frac{F_z}{\pi}\right] \tag{7-15}$$

将管材轴压胀形的成形参数代入式(7-15) 中，就可以计算出皱谷在 y 轴方向上的移动距离 Δh。然后将 Δh 代入式(7-5) 中，可得

$$I = \frac{\pi^2}{4} \times \frac{(h_F - h_V - \Delta h)^2}{l^2 - (h_F - h_V - \Delta h)^2} \times 10^5 \tag{7-16}$$

当塑性铰线 FV' 处于水平线之下，即皱纹尚未被展平时，由式(7-15) 和式(7-16) 就可计算出胀形中的起皱程度。

(2) 试验验证

为了验证本节中的起皱程度与成形参数的关系式(7-16),根据表6-2列出的6组试验与模拟的过程及结果数据代入式(7-15)和式(7-16)中。将基于模拟数据计算得到的起皱程度指标 I,与基于试验数据计算得到的起皱程度指标 I' 进行对比,结果如表7-2所示。从此表可以看出,对于管材轴压胀形中的起皱现象,可以用本节提出的起皱程度与成形参数间的关系式(7-16)来预测起皱程度。预测结果与实际结果相对偏差 η_I 小于5%,说明使用该预测方法是可行的。

将来,如果将该方法与智能优化算法相结合,就可能达到利用有益皱纹来提高成形性的目的。

表7-2 起皱程度与成形参数关系的验证

组别	数据来源	时间 T/s	h_V/mm	h_F/mm	l_z/mm	t/mm	内压力 p/MPa
1	试验	19.7	18.767	19.563	5.744	0.580	22.8
	模拟		18.923	19.677	5.687	0.544	23.1
2	试验	14.8	19.521	20.569	5.205	0.547	24.2
	模拟		19.849	20.674	5.178	0.535	24.7
3	试验	19.9	18.731	19.985	7.342	0.568	27.4
	模拟		18.954	20.038	7.268	0.557	27.8
4	试验	15.8	17.442	19.080	4.841	0.642	18.3
	模拟		17.783	19.271	4.714	0.62	18.1
5	试验	16.2	18.542	20.769	5.622	0.601	19.7
	模拟		18.378	20.901	5.817	0.591	20.2
6	试验	16.1	18.454	20.981	5.380	0.574	20.8
	模拟		18.611	21.324	5.427	0.563	20.4
组别	数据来源	S/mm	F_z/kN	Δh/mm	I	I'	相对偏差 η_I/%
1	试验	6.821	89.301	0.255	1887	1982	4.80
	模拟	6.914	91.257	0.263	2075	2158	3.83
2	试验	8.518	78.321	0.313	2793	2680	4.21
	模拟	8.764	79.856	0.332	2999	2875	4.33
3	试验	8.438	86.757	0.477	2145	2061	4.07
	模拟	8.742	89.546	0.468	2101	2198	4.41
4	试验	13.120	131.213	0.513	5093	5342	4.67
	模拟	13.4	137.524	0.501	5044	4817	4.72
5	试验	14.443	141.300	0.621	4508	4721	4.51
	模拟	14.75	149.875	0.601	4809	4587	4.85
6	试验	10.560	111.969	0.747	5731	5485	4.49
	模拟	10.773	123.548	0.771	6136	6378	3.79

注:$\eta_I=\frac{|I-I'|}{I'}\times 100\%$,其中,$I$ 和 I' 分别由模拟结果数据、试验结果数据计算得到的。

本章小结

本章中,通过管材轴压胀形试验及模拟,观察并分析了皱纹的演变过程,提出了表征起皱程度及方向的评估指标 I；根据管材轴压胀形的试验结果，分析了脉动液压对起皱的影响规律，提出了创建管材轴压胀形中皱纹类型路径分布图的方法；最后，基于能量法，推导了起皱程度与成形参数的关系式，并经试验进行了验证。基于上述研究，可得出以下结论。

① 在管材轴压胀形中，根据轴向皱纹的变化特点，可以将有益皱纹分为四个演变阶段：皱纹产生、增长、减小和展平。而将有害皱纹划分为三个演变阶段：皱纹产生、增长和减小。

② 管材轴压胀形试验及模拟均表明，所提出的起皱程度评估指标 I 能够较好地评估起皱程度。

③ 在管材轴压胀形中，与非脉动液压加载方式相比，采用脉动液压加载方式有利于促进轴向补料，但起皱程度更严重。随着脉动振幅 ΔP 的增大，起皱程度及皱纹数量有减少趋势；但随着脉动频率的增大，起皱程度更大，在某段脉动频率范围，所产生的皱纹数量最多。

④ 应用所创建的皱纹类型路径分布图，可以合理控制加载路径，从而可以充分利用有益皱纹来提高管材的成形性。

⑤ 运用所建立的起皱程度与成形参数间的关系式，并结合所提出的起皱程度指标 I，来共同预测皱纹演变过程及起皱程度是可行的。

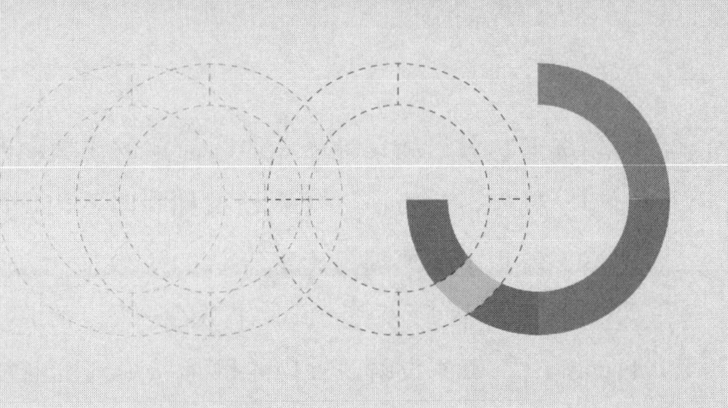

第8章 管材脉动液压胀形时的塑性硬化规律

8.1 概述

管材脉动液压胀形技术是利用脉动变化的液压力作用于管材内部，使其发生塑性成形的新技术。由于受到周期性的脉动液压加载作用，管材的变形行为可能有别于其在常规非脉动液压胀形中的表现。等效应力-应变关系是描述材料在塑性变形中的变形行为（如塑性硬化规律）的最常见形式之一。

本章的主要研究工作是，基于自然胀形试验及模拟方法，建立SS304不锈钢管材在脉动液压胀形时的等效应力-应变关系，并分别与非脉动液压加载条件下和单向拉伸（Uniaxial Tensile Test，简称UTT）条件下得到的等效应力-应变关系进行对比，分析液压力的脉动振幅和频率对等效应力-应变关系的影响规律，从而探索管材脉动液压胀形时的塑性变形行为[86,129]。

8.2 管材塑性硬化规律的研究现状

等效应力-应变关系是描述材料在塑性变形中的变形行为（如塑性硬化规律）的最常见形式之一[130]。在THF研究中，材料的等效应力-应变关系对管材液压胀形机理的分析、成形性的评价具有重要作用，同时也在很大程度上影响着模拟结果的精度。众所周知，单向拉伸试验常被用来确定材料的等效应力-应变关系，但因为液压胀形的应力状态（双向应力）与单向拉伸的应力状态（单向应力）不同，直接将单向拉伸试验的结果数据用于THF的成形分析可能会产生较大偏差[131]。因此，比较合理的方法是基于管材液压胀形试验（Hydraulic Bulge Test），并结合塑性成形理论等来确定管材的等效应力-应变关系。但是，这类方法需要事先确定试件在各时刻（对应不同成形液压力）的子午向曲率半径（ρ_φ），测量工作比较繁杂[39]。为了克服直接测量子午向曲率半径（ρ_φ）的困难，一些学者将试件的瞬时轴向轮廓形状假设为某种已知的、简单的函数曲线，然后结合几何学推导得到子午向曲率半径（ρ_φ）。例如，Strano[42]等假设试件瞬时的内、外轴向轮廓形状均为余弦曲线，根据能量守恒理论、体积不变原理等确定管材的等效应力-应变关系。笔者[131]等假设瞬时轴向轮廓形状为多项式，然后基于力学平衡条件、薄膜理论等确定管材的等效应力-应变关系。Hwang[132]等假设瞬时轴向轮廓形状为椭圆曲线，采用 Hill 正交各向异性理论确定管材的等效应力和等效应变。N. Boudeau[133]等假设试件的轴向轮廓形状为圆弧形，基于试验数据确定管材的等效应力-应变关系。

在上述确定管材的等效应力-应变关系的方法中，需将瞬时轴向轮廓形状假设为某种已知、简单的函数曲线，这种假设与管材液压胀形的实际轮廓形状可能存在差异；而且在这些方法中，基本是基于全量理论（即假设为比例加载条件）来建立管材的等效应力-应变关系。而在 THF 中，加载方式通常是非线性的，如脉动液压胀形的加载方式是一种周期性的非线性液压加载方式，因此运用塑性增量理论来建立管材的等效应力-应变关系将会更加合理。在管材脉动液压胀形中，受脉动液压参数（液压力的脉动振幅 Δp、脉动频率 f）等的影响，管材的塑性变形行为可能表现更加复杂。如何确定管材脉动液压胀形时的等效应力-应变关系、分析脉动液压参数对等效应力-应变关系的影响规律，这类研究鲜见报道。

本节基于塑性增量理论、塑性变形功原理等建立脉动液压胀形时管材的等效应力-应变关系式 $\sigma_e=f(\varepsilon_e)$；然后应用自行开发的“脉动液压胀形试验系统”对 SS304 不锈钢管材分别在脉动和非脉动液压加载方式下进行自然胀形试验，基于试验变形数据对等效应力-应变关系定量化；对基于单向拉伸试验、自然胀形试验以及模拟的结果数据确定的等效应力-应变关系进行对比分析，以检验本方法确定的等效应力-应变关系的模拟精度；最后，分析液压力的脉动液压参数对等效应力-应变关系的影响规律，从而探索管材脉动液压胀形时的塑性变形行为。

8.3 管材的等效应力-应变关系的构建思路

本节简单介绍构建管材液压胀形时的等效应力-应变关系及定量化的思路，以及脉动液压参数对管材的等效应力-应变的影响的分析思想，如图 8-1 所示，对图 8-1 中各项（①～⑦）解释如下。

① 基于自然胀形模型的受力条件、塑性增量理论、塑性变形功原理等，推导出管材液压胀形时的等效应力-应变关系式 $\sigma_e=f(\varepsilon_e)$。首先，根据静力平衡条件，推导得出试件轴向轮廓上任意点的子午向应力 σ_φ 和环向应力 σ_θ 的公式，并假设厚向应力 $\sigma_t=0$；其次，假定试件的轴向轮廓形状为多项式函数，提出确定试件上任意点处的子午向曲率半径（ρ_φ）的方法；然后，根据体积不变原理和塑性增量理论等得出等效应变的计算公式，并根据塑性变形功原理得出等效应力的计算公式；最后，假设管材的塑性硬化模型为多项式，提出表征管材液压胀形行为的等效应力-应变关系式。

② 应用自行开发的“脉动液压胀形试验系统”，分别在脉动、非脉动液压加载方式下，对 SS304 不锈钢管材进行自然胀形试验，以便获得试件的胀形区的变形数据。采用液压传感器在线实时检测试件液压胀形过程中的瞬时液压力，并采用“DIC 高速散斑机”在线获取

试件的胀形区的变形云图像，从变形云图像中提取出各时刻试件胀形区各点的坐标、瞬时壁厚 t、轴向应变和环向应变等变形数据。

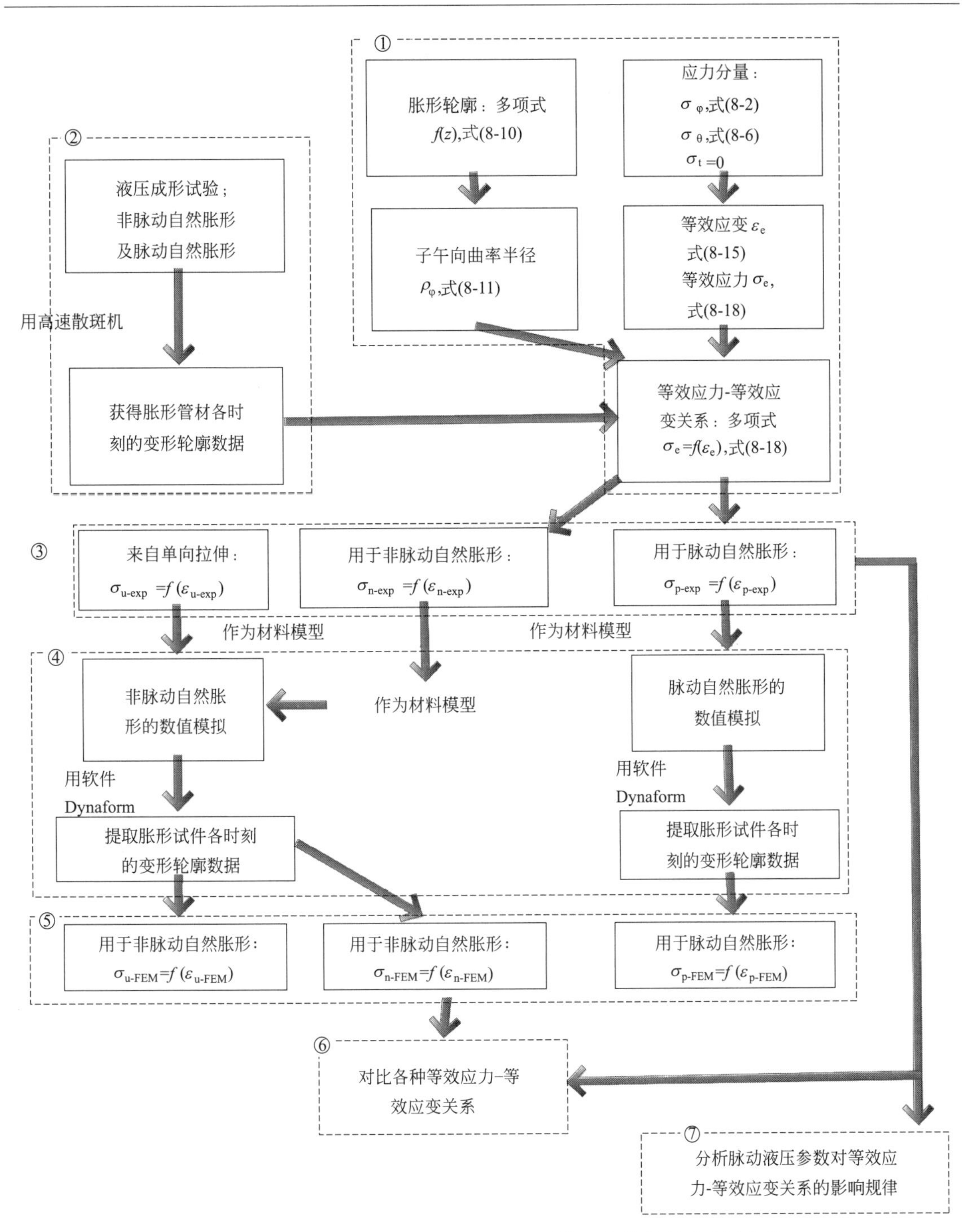

图 8-1　等效应力-应变关系的构建及脉动液压参数的影响分析流程

③ 将上述试验得到的变形数据代入所推导出的等效应力-应变关系式 $\sigma_e=f(\varepsilon_e)$ 中，分别得到管材在脉动、非脉动液压胀形时的等效应力-应变曲线 $\sigma_{p\text{-}exp}=f(\varepsilon_{p\text{-}exp})$ 和 $\sigma_{n\text{-}exp}=f$

($\varepsilon_{n\text{-}exp}$)，并将它们与采用单向拉伸试验直接获得的等效应力-应变曲线 $\sigma_{u\text{-}exp}=f(\varepsilon_{u\text{-}exp})$ 进行对比分析。

④ 建立管材自然胀形的有限元模型，分别将上述三种等效应力-应变关系曲线 $\sigma_{p\text{-}exp}=f(\varepsilon_{p\text{-}exp})$、$\sigma_{n\text{-}exp}=f(\varepsilon_{n\text{-}exp})$ 和 $\sigma_{u\text{-}exp}=f(\varepsilon_{u\text{-}exp})$ 作为输入材料模型，对管材在脉动、非脉动液压胀形条件下的自然胀形过程进行模拟，相应地，提取各时刻试件胀形区各点的坐标、瞬时壁厚 t、轴向应变和环向应变等变形数据。

⑤ 将上述模拟得到的变形数据也代入所推导出的等效应力-应变关系式 $\sigma_e=f(\varepsilon_e)$ 中，分别得到管材在脉动液压胀形时的等效应力-应变关系曲线 $\sigma_{p\text{-}FEM}=f(\varepsilon_{p\text{-}FEM})$、非脉动液压胀形时的等效应力-应变曲线 $\sigma_{n\text{-}FEM}=f(\varepsilon_{n\text{-}FEM})$ 和 $\sigma_{u\text{-}FEM}=f(\varepsilon_{u\text{-}FEM})$。

⑥ 对比分析基于液压胀形试验的变形数据确定的等效应力-应变曲线 $\sigma_{p\text{-}exp}=f(\varepsilon_{p\text{-}exp})$、$\sigma_{n\text{-}exp}=f(\varepsilon_{n\text{-}exp})$ 和 $\sigma_{u\text{-}exp}=f(\varepsilon_{u\text{-}exp})$ 与基于液压胀形模拟的变形数据确定的等效应力-应变曲线 $\sigma_{p\text{-}FEM}=f(\varepsilon_{p\text{-}FEM})$、$\sigma_{n\text{-}FEM}=f(\varepsilon_{n\text{-}FEM})$ 和 $\sigma_{u\text{-}FEM}=f(\varepsilon_{u\text{-}FEM})$ 之间的差异，以检验用本方法所确定的管材等效应力-应变关系曲线的模拟精度。

⑦ 最后分析脉动液压参数，即脉动振幅和频率，对基于管材脉动、非脉动液压胀形试验得到的等效应力-应变曲线的影响规律，解释脉动液压胀形条件下管材塑性成形特点。

8.4 管材液压胀形时应力和应变方程式

本节阐述如何基于管材自然胀形时的受力条件、塑性增量理论、塑性变形功原理等，构建管材液压胀形时的等效应力-应变关系式。

8.4.1 轴向轮廓子午向和环向应力

为方便构建管材液压胀形时的等效应力-应变关系式，作如下假设。

① 材料均质、各向同性及不可压缩，服从 von Mises 屈服准则。

② 自然胀形中，试件横截面形状保持为圆形，而纵向截面形状保持轴对称。

③ 管材液压胀形过程中，管端可以沿轴向自由收缩。

④ 由于管材的壁厚与半径的比值很小（$t_0/r_0\ll 1$），故忽略厚度方向应力，即 $\sigma_t=0$。

⑤ 子午向应力 σ_φ、环向应力 σ_θ、厚向应力 σ_t 均为主应力。

⑥ 忽略管材的胀形轮廓中的弯曲变形。

自然胀形中某时刻 i（对应液压力 P_i 时）试件胀形区的几何形状及受力情况如图 8-2 所示。以轴向轮廓上任意点 j 为分析对象，如图 8-2(b) 所示，点 j 处沿轴向（z 向）的静力平衡关系可写成

$$\sigma_\varphi 2\pi t(\rho_\theta-t/2)\cos(\pi-\phi)=\pi P(\rho_\theta-t)^2-F_f \tag{8-1}$$

从式(8-1) 可得试件轴向轮廓上任意点的子午向应力 σ_φ 公式

$$\sigma_\varphi=\frac{P(\rho_\theta-t)^2-F_f}{2t(\rho_\theta-t/2)\cos(\pi-\phi)} \tag{8-2}$$

如图 8-2（b）所示，管材与模具之间的摩擦力 F_f 由下列公式计算

$$F_f = \mu P \pi r_0 (l - l_b) \tag{8-3}$$

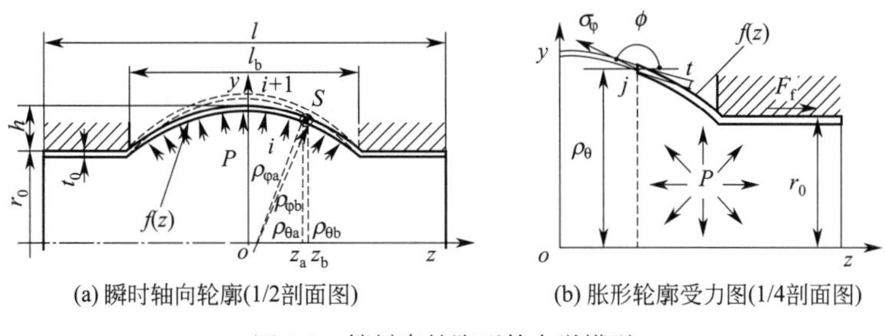

(a) 瞬时轴向轮廓(1/2剖面图)　　(b) 胀形轮廓受力图(1/4剖面图)

图 8-2　管材自然胀形的力学模型

在试件轴向轮廓上任意位置取一个微小单元体 S（图中未画出厚度），其受力情况如图 8-3（a）所示。因为该微小单元体 S 以平面 YOZ 对称，对应子午向角 φ 和环向角 θ，有如下关系成立：$\rho_{\theta a} = \rho_{\theta d}$，$\rho_{\theta b} = \rho_{\theta c}$，$\widehat{ab}_{in} = \widehat{cd}_{in}$，$\widehat{ad}_{in} > \widehat{bc}_{in}$。因此，微小单元体 S 在厚向中层、内层的四个边长分别为

$$\widehat{ad}_{mid} = (\rho_{\theta a} - t_a/2)\sin\theta$$

$$\widehat{bc}_{mid} = (\rho_{\theta b} - t_b/2)\sin\theta$$

$$\widehat{ab}_{mid} = \widehat{cd}_{mid} = (\rho_{\varphi} - t_p/2)\sin\varphi$$

$$\widehat{ad}_{in} = (\rho_{\theta a} - t_a)\sin\theta$$

$$\widehat{bc}_{in} = (\rho_{\theta b} - t_b)\sin\theta$$

$$\widehat{ab}_{in} = \widehat{cd}_{mid} = (\rho_{\varphi} - t_p)\sin\varphi \tag{8-4}$$

根据图 8-3(b)和图 8-3(c)，可得微小单元体 S 在 y 方向的静力平衡关系

$$2\sigma_{\theta}\widehat{ab}_{mid}t_p\sin\frac{\theta}{2} + \sigma_{\varphi a}\widehat{ad}_{mid}t_a\sin(\phi_a) + \sigma_{\phi b}\widehat{bc}_{mid}t_b\sin(\phi_b) = P\,\frac{1}{2}(\widehat{ad}_{in} + \widehat{bc}_{in})\widehat{ab}_{in}\,|\cos\gamma| \tag{8-5}$$

对于微小单元体 S，可认为 $\sin\theta = \theta$ 和 $\sin(\theta/2) = \theta/2$ 成立。这样，将式(8-2)～式(8-4)代入式(8-5)，可得环向应力 σ_{θ} 公式为

$$\sigma_{\theta} = \frac{\left\{\begin{array}{l} P\left[(\rho_{\theta a} - t_a) + (\rho_{\theta b} - t_b)\right] \times (\rho_{\varphi} - t_p)\sin\varphi\cos(\pi - \phi)\,|\cos\gamma| \\ -\left[P(\rho_{\theta a} - t_a)^2 - F_f\right]\sin\phi_a - \left[P(\rho_{\theta b} - t_b)^2 - F_f\right]\sin\phi_b \end{array}\right\}}{2t_p(\rho_{\varphi} - t_p/2)\sin\varphi\cos(\pi - \phi)} \tag{8-6}$$

式(8-2)及式(8-6)分别为试件轴向轮廓上任意点的子午向应力及环向应力计算公式。下面推导位于试件胀形区最高点 p 处的微小单元体的子午向（此时正好与轴向 z 重合）应力及环向应力的计算公式。

试件的胀形区最高点 p 的胀形轮廓切线基本上为水平线，其两个端点 a' 和 b' 以 y 坐标轴对称，如图 8-3（c）所示。因此，这两个端点的变形数据是相同的，从而有 $\rho_{\phi a} = \rho_{\phi b} = \rho_{\phi p}$，$\rho_{\theta a} = \rho_{\theta b} \approx \rho_{\theta p}$，$t_p = t_a \approx t_b$ 和 $\phi_a = \phi_b \approx \pi - \varphi/2$ 成立。再考虑到有 $\sin\varphi = \varphi$，$\sin(\varphi/2) =$

$\varphi/2$，$\gamma=\pi$ 和 $\cos(\pi-\phi)\approx 1$ 成立，式(8-6)可以简化为

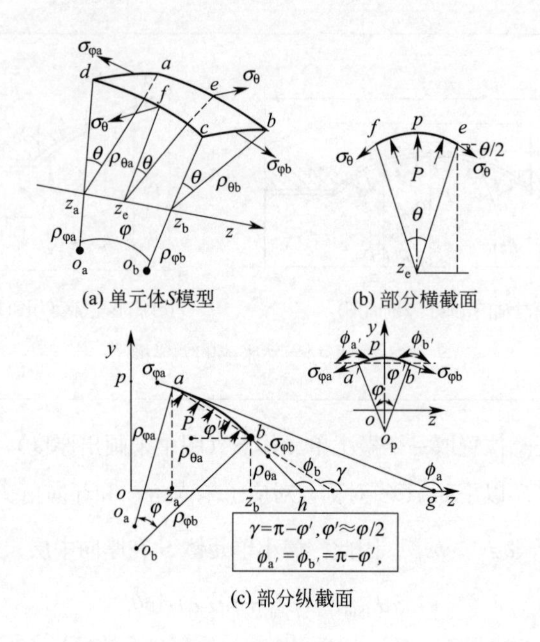

图 8-3　试件轴向轮廓上任意单元体 S 的受力示意图

$$\sigma_\theta=\frac{2P(\rho_\theta-t_P)\times(\rho_\varphi-t_p)-[P(\rho_\theta-t_p)^2-F_f]}{2t_p(\rho_\varphi-t_p/2)} \tag{8-7}$$

若忽略胀形过程中试件端部的摩擦力 F_f，从式(8-2)可得轴向轮廓上最高点 p 的子午向应力为

$$\sigma_\varphi=\frac{P(\rho_\theta-t_p)^2}{2t_p(\rho_\theta-t_p/2)} \tag{8-8}$$

若忽略胀形过程中试件两端的摩擦力 F_f，从式(8-7)可得最高点 p 的环向应力

$$\sigma_\theta=\frac{P(\rho_\theta-t_p/2)}{t_p}\left[\left(1-\frac{t_p}{2(\rho_\varphi-t_p/2)}\right)\left(1-\frac{t_p}{2(\rho_\theta-t_p/2)}\right)-\frac{(\rho_\theta-t_p)^2}{2(\rho_\theta-t_p/2)(\rho_\varphi-t_p/2)}\right] \tag{8-9}$$

当微小单元体 S 位于试件胀形区的最高点 p 时，若不考虑胀形过程中摩擦力的影响，用本节方法推导所得到的子午向应力式（8-8）和环向应力式（8-9）与 Fuchizawa[134] 推导的公式是一致的。

8.4.2　轴向轮廓形状曲线

由式（8-8）和式（8-9）可知，要确定子午向应力和环向应力，必须先确定液压胀形中各时刻试件胀形区最高点 p 处的子午向半径 ρ_φ。但是，在试验中很难通过直接测量方法获得这些半径。本节采取的方法是，在管材自然胀形试验中，运用“DIC 高速散斑机”在线动

态地测量出各时刻试件胀形区的三维位移场，基于这些位移场数据构建各时刻试件胀形区轴向轮廓的三维模型，然后沿该三维模型的轴线 z 每隔一定距离提取轴向轮廓上系列坐标点 (z, y)，用多项式函数对这些离散坐标点进行拟合，构建出各时刻的轴向轮廓形状函数 $f(z)$

$$f(z)=a_0+a_1z+a_2z^2+a_3z^3+a_4z^4+\cdots \tag{8-10}$$

由式(8-10)可分别得到试件的轴向轮廓曲线上任意点的子午向半径

$$\rho_\varphi=\left|\frac{[1+f'(z)^2]^{3/2}}{f''(z)}\right| \tag{8-11}$$

8.4.3 等效应变及等效应力

若已知自然胀形试件上某点在各时刻的子午向应变 ε_φ 和环向应变 ε_θ，则可根据体积不变原理得到此点瞬时的厚向应变 ε_t

$$\varepsilon_t=-\varepsilon_\theta-\varepsilon_\varphi \tag{8-12}$$

该点在各时刻的三维应变增量可由以下公式计算

$$\begin{aligned} d\varepsilon_{\theta(i)}&=\varepsilon_{\theta(i)}-\varepsilon_{\theta(i-1)}\\ d\varepsilon_{\varphi(i)}&=\varepsilon_{\varphi(i)}-\varepsilon_{\varphi(i-1)}\\ d\varepsilon_{t(i)}&=\varepsilon_{t(i)}-\varepsilon_{t(i-1)} \end{aligned} \tag{8-13}$$

根据 Levy-Mises 方程（塑性增量理论），可得自然胀形试件上该点在各时刻的等效应变增量为

$$d\varepsilon_{e(i)}=\frac{\sqrt{2}}{3}\sqrt{(d\varepsilon_{\theta(i)}-d\varepsilon_{\varphi(i)})^2+(d\varepsilon_{\varphi(i)}-d\varepsilon_{t(i)})^2+(d\varepsilon_{t(i)}-d\varepsilon_{\theta(i)})^2} \tag{8-14}$$

将该点第 i 时刻的等效应变增量累加，可得其等效应变为

$$\varepsilon_{e(i)}=\sum_{i=1}^{m}(d\varepsilon_{e(i)}) \tag{8-15}$$

第 i 时刻的等效应力可根据塑性变形功原理来确定[135]

$$\sigma_{e(i)}d\varepsilon_{e(i)}=\sigma_{\theta(i)}d\varepsilon_{\theta(i)}+\sigma_{\varphi(i)}d\varepsilon_{\varphi(i)}+\sigma_{t(i)}d\varepsilon_{t(i)} \tag{8-16}$$

由于假设厚向应力 $\sigma_t=0$，可得该点在第 i 时刻的等效应力的计算公式为

$$\sigma_{e(i)}=(\sigma_{\theta(i)}d\varepsilon_{\theta(i)}+\sigma_{\varphi(i)}d\varepsilon_{\varphi(i)})/d\varepsilon_{e(i)} \tag{8-17}$$

在以往研究中，人们通常使用 Hollomon 塑性硬化模型 $\sigma_e=K\varepsilon_e^n$ 或者 Krupkowsky 塑性硬化模型 $\sigma=K\ (\varepsilon_0+\varepsilon_e)^n$ 来表示管材的等效应力与等效应变的关系，通过拟合试验数据来获得塑性硬化模型中的强度系数 K 和应变硬化指数 n。笔者在研究过程中发现，采用多项式塑性硬化模型，可以比较准确地描述 SS304 不锈钢管材在液压胀形时的塑性变形行为[136]。因此，本节拟采用下列多项式来描述管材的等效应力-应变关系

$$\sigma_e=f(\varepsilon_e)=\lambda_0+\lambda_1\varepsilon_e^1+\lambda_2\varepsilon_e^2+\lambda_3\varepsilon_e^3+\lambda_4\varepsilon_e^4+\cdots \tag{8-18}$$

8.5 管材自然胀形试验研究

8.5.1 试验系统

从第 8.4 节可知，要确定管材液压胀形时的等效应力与等效应变的关系，必须获得液压胀形中各时刻的液压力 P、瞬时壁厚 t、子午向应变增量 $d\varepsilon_\varphi$、环向应变增量 $d\varepsilon_\theta$ 以及轴向轮廓的三维坐标等数值。这些数据将通过在自行开发的“脉动液压胀形试验系统”所进行的自然胀形试验中获得。该系统主要由液压产生系统、脉动产生系统、液压胀形试验装置和数据采集系统四个部分构成。其中，液压产生系统参见第 2.3.1 节，脉动产生系统参见第 2.3.2 节，液压胀形试验装置参见第 2.4.1 节，数据采集系统参见第 2.5 节。

所采用的自然胀形试验装置如图 2-7 所示。考虑到管材两端与定位圈、密封柱之间存在摩擦，式(8-3) 可修正为

$$F_f=\mu P\pi(2r_0-t)(l-l_b) \tag{8-19}$$

在自然胀形试验过程中，由两个液压传感器每隔 0.1 s 分别记录液压力 P_0 和 P 值，并用如图 2-17 所示数据记录仪存储、显示、输出它们的变化曲线。变形数据的采集是运用第 2.5.2 节介绍的“DIC 高速散斑机”采集、计算试件胀形区各时刻的散斑云图像，然后由专用软件计算得出胀形区各时刻的三维点坐标、三维位移场、应变值及壁厚等变形数据。这些数据是确定管材的等效应力-应变关系所必需的。

8.5.2 试验条件

以 SS304 不锈钢管材为研究对象，通过单向拉伸试验得到的管材初始几何参数和力学性能指标，如表 8-1 所示。

表 8-1 SS304 不锈钢管材的初始几何参数和力学性能指标

几何参数	数值	力学性能指标	数值
管坯厚度 t_0/mm	0.6	抗拉强度 σ_b/MPa	654
管坯外径 d_0/mm	32	屈服强度 σ_s/MPa	410
管坯长度 l_0/mm	110	强度系数 K/MPa	1349.2
胀形区长度 l_b/mm	50	硬化指数 n	0.2876

采取如图 2-2（a）所示的脉动和非脉动液压加载两种液压加载方式。通过调节伺服冲压机的滑块行程和速度，即可改变脉动振幅 ΔP 及频率 f 的大小。本试验中脉动振幅 ΔP 分别取 2.77MPa、3.34MPa、3.92MPa、4.95MPa，而脉动频率 f 分别取 1.3c/s、1.7c/s、2.1c/s、2.5c/s。它们均是根据液压传感器检测结果计算得到的。

8.6 管材的等效应力-应变曲线分析

首先对比分别基于液压胀形试验、模拟的变形数据确定的等效应力-应变曲线，以检验本节所提出方法的精度。其次，基于液压胀形试验的变形数据，分析脉动振幅和频率对管材等效应力-应变曲线的影响规律。

8.6.1 等效应力-应变曲线的对比

（1）基于试验数据确定的等效应力-应变曲线

将从脉动、非脉动液压胀形试验中获得的胀形轮廓上点的坐标数值、变形数值、壁厚数值，计算得到的子午向曲率半径 ρ_φ 等数值代入第 8.4 节的相应公式中，计算后分别得到脉动、非脉动液压加载方式下自然胀形时管材的等效应力和等效应变的数据对，如图 8-4 所示。从图 8-4 可以看出，在脉动液压胀形时，等效应力以波动方式增大，并且随着脉动振幅的增大，波动变得更加剧烈。

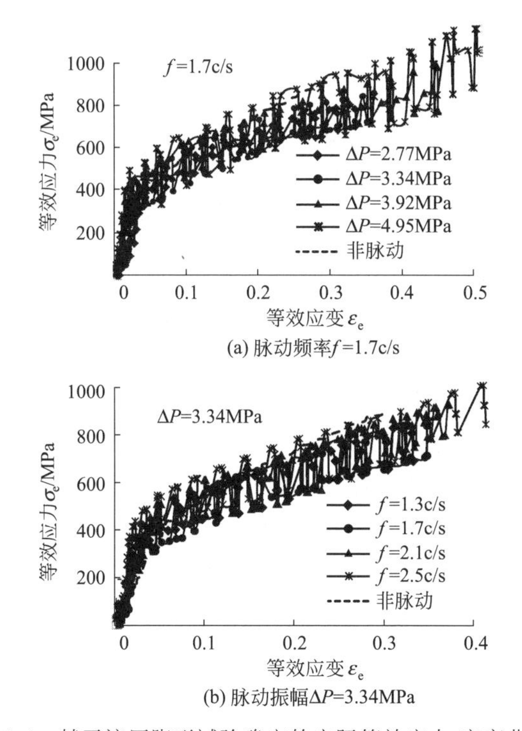

(a) 脉动频率f=1.7c/s

(b) 脉动振幅ΔP=3.34MPa

图 8-4　基于液压胀形试验确定的实际等效应力-应变曲线

应用式（8-18）所示的多项式函数，对基于液压胀形试验得到的实际等效应力-应变曲线的峰点（图 8-4 中各波浪式曲线的峰点）进行拟合，得到相应的拟合等效应力-应变关系曲线。另外，用 Hollomon 塑性硬化模型对单向拉伸试验中得到的等效应力、等效应变的数据对进行拟合，得到管材单向拉伸的应力-应变关系曲线。将这些基于试验结果数据拟合后得到的等效应力-应变关系曲线全部绘制于图 8-5 中，它们相应的塑性硬化模型参数如表 8-2 所示。对比图 8-5 中的几条虚线，可以看出，在变形前期（当 $\varepsilon_e < 0.119$），基于单向拉伸试验得到的应力-应变关系曲线 $\sigma_{u\text{-}exp} = f(\varepsilon_{u\text{-}exp})$ 的位置最高，其次是脉动液压胀形时的等效应力-应变关系曲线 $\sigma_{p\text{-}exp} = f(\varepsilon_{p\text{-}exp})$，处于最低位置的是非脉动液压胀形时的等效应力-应变关系曲线 $\sigma_{n\text{-}exp} = f(\varepsilon_{n\text{-}exp})$。但当 $\varepsilon_e \geqslant 0.119$ 时，非脉动液压胀形时的等效应力-应变曲线 $\sigma_{n\text{-}exp} = f(\varepsilon_{n\text{-}exp})$ 开始高于脉动液压胀形时的等效应力-应变曲线 $\sigma_{p\text{-}exp} = f(\varepsilon_{p\text{-}exp})$，并且当 $\varepsilon_e \geqslant 0.221$ 时，开始高于基于单向拉伸试验的应力-应变关系曲线 $\sigma_{u\text{-}exp} = f(\varepsilon_{u\text{-}exp})$。

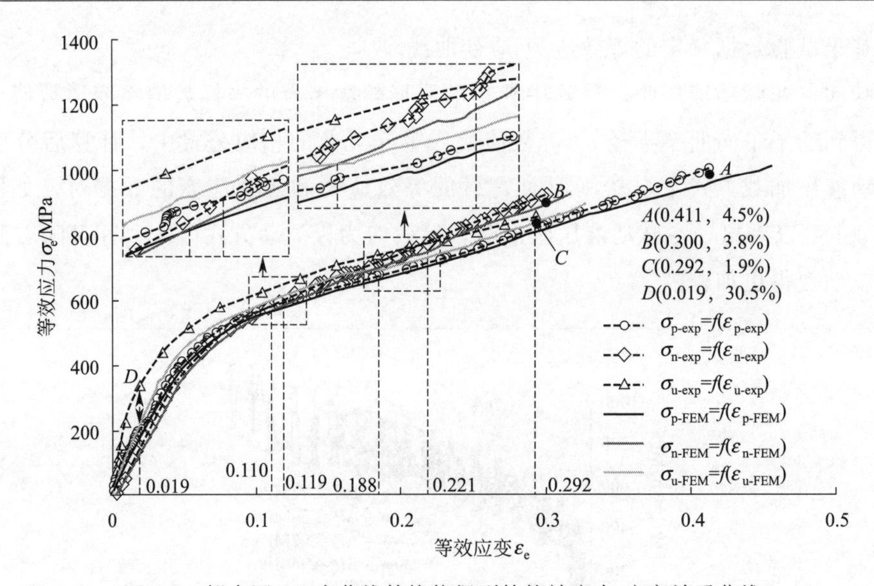

图 8-5　拟合图 8-4 中曲线的峰值得到的等效应力-应变关系曲线

另外，从图 8-5 中还可以看出，脉动液压胀形获得的极限等效应变量最大（*A* 点），其次是非脉动液压胀形（*B* 点），单向拉伸试验获得的极限等效应变量最小（*C* 点）。总之，液压加载方式不同，则管材的等效应力-应变关系及破裂时的极限等效应变均存在差异，而且液压胀形比单向拉伸、脉动液压胀形比非脉动液压胀形可得到更大的变形量。

表 8-2　拟合图 8-4 中曲线的峰值得到的等效应力-应变关系式

加载方式	曲线拟合方式	拟合得到的等效应力-应变关系式
脉动液压	多项式(8-18)	$\sigma = 562941\varepsilon^5 - 764492\varepsilon^4 + 395539\varepsilon^3 - 95471\varepsilon^2 + 11864\varepsilon + 13.657$
非脉动液压	多项式(8-18)	$\sigma = 626223\varepsilon^5 - 821306\varepsilon^4 + 401090\varepsilon^3 - 92902\varepsilon^2 + 12045\varepsilon - 37.73$
单向拉伸	Hollomon 塑性硬化模型	$\sigma = 1349.2\varepsilon^{0.2876}$

（2）基于模拟结果确定的管材等效应力-应变曲线

根据如图 2-7 所示自然胀形试验装置建立管材自然胀形的有限元模型，如图 8-6 所示。模拟所用软件为 Dynaform。有限元模型的几何参数、变形条件、液压加载曲线等与试验中的保持一致。假设管材均质、各向同性及不可压缩，服从 von Mises 屈服准则。将模具的定位圈和密封柱分别设置为刚性单元体，将定位圈与密封柱之间的初始间隙设置为管材的初始壁厚值，模具各零件与管材之间的摩擦系数设置为 0.125，基本上与试验中的摩擦系数相等[131]。

将基于脉动、非脉动液压胀形试验确定的等效应力-应变关系 $\sigma_{p\text{-}exp}=f(\varepsilon_{p\text{-}exp})$ 和 $\sigma_{n\text{-}exp}=f(\varepsilon_{n\text{-}exp})$ 作为模拟时的输入材料模型，分别对管材脉动液压胀形和非脉动液压胀形过程进行模拟。再以单向拉伸试验获得的应力-应变关系 $\sigma_{u\text{-}exp}=f(\varepsilon_{u\text{-}exp})$ 作为输入材料模型，对管材非脉动液压胀形过程进行模拟。然后，将从模拟结果中提取的轴向胀形轮廓上点的坐标数值、变形数值、壁厚数值，计算得到的子午向曲率半径 ρ_φ 等数值代入第 8.4 节的相应公式中，通过计算后分别得到脉动、非脉动液压加载方式下自然胀形时管材的等效应力和等效应变的数据对及波浪式曲线，对这些波浪式等效应力-应变曲线的峰点进行拟合后，得到三条拟合等效应力-应变曲线 $\sigma_{p\text{-}FEM}=f(\varepsilon_{p\text{-}FEM})$、$\sigma_{n\text{-}FEM}=f(\varepsilon_{n\text{-}FEM})$ 和 $\sigma_{u\text{-}FEM}=f(\varepsilon_{u\text{-}FEM})$，如图 8-5 中的实线所示。

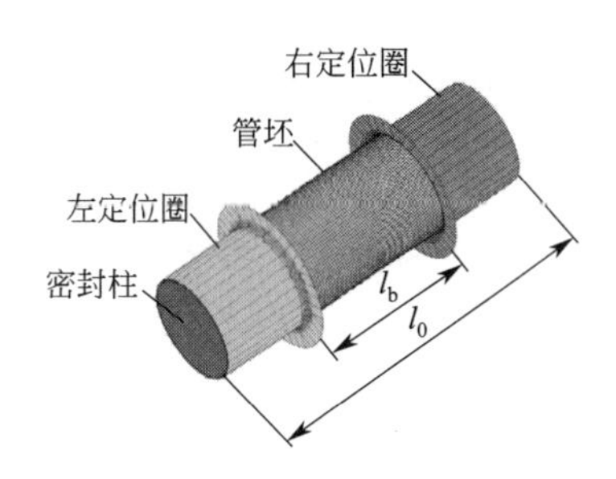

图 8-6　管材自然胀形有限元模型

从图 8-5 可以看出，在变形前期（当 $\varepsilon_e<0.110$），以单向拉伸试验获得的应力-应变关系 $\sigma_{u\text{-}exp}=f(\varepsilon_{u\text{-}exp})$ 作为输入材料模型对管材非脉动液压胀形过程进行模拟，基于模拟结果数据计算得到的等效应力-应变关系曲线 $\sigma_{u\text{-}FEM}=f(\varepsilon_{u\text{-}FEM})$ 位置最高，其次是基于脉动液压试验数据的 $\sigma_{p\text{-}exp}=f(\varepsilon_{p\text{-}exp})$ 作为输入材料模型得到的等效应力-应变关系曲线 $\sigma_{p\text{-}FEM}=f(\varepsilon_{p\text{-}FEM})$，处于最低位置的是基于非脉动液压试验数据的 $\sigma_{n\text{-}exp}=f(\varepsilon_{n\text{-}exp})$ 作为输入材料模型得到的等效应力-应变关系曲线 $\sigma_{n\text{-}FEM}=f(\varepsilon_{n\text{-}FEM})$。对于脉动液压胀形的模拟，当 $\varepsilon_e\geqslant0.110$ 时，基于非脉动液压胀形模拟得到的等效应力-应变曲线 $\sigma_{n\text{-}FEM}=f(\varepsilon_{n\text{-}FEM})$ 开始高于基于脉动液压胀形模拟得到的等效应力-应变曲线 $\sigma_{p\text{-}FEM}=f(\varepsilon_{p\text{-}FEM})$；对于非脉动液压胀形的模拟，当 $\varepsilon_e\geqslant0.188$ 时，基于非脉动液压试验数据的 $\sigma_{n\text{-}exp}=f(\varepsilon_{n\text{-}exp})$ 作为输入材料模型得到的等效应力-应变关系曲线 $\sigma_{n\text{-}FEM}=f(\varepsilon_{n\text{-}FEM})$ 开始高于基于单向拉伸试验数据的 $\sigma_{u\text{-}exp}=f(\varepsilon_{u\text{-}exp})$ 作为输入材料模型得到的等效应力-应变关系曲线 $\sigma_{u\text{-}FEM}=f(\varepsilon_{u\text{-}FEM})$。上述结果表明，基于试验数据得到等效应力-应变关系曲线与基于模拟数据得到的等效应力-应变关系曲线变化规律基本一致。

（3）基于试验和模拟结果计算的等效应力-应变关系曲线的差异

从图 8-5 可以看出，基于相应试验数据得到的等效应力-应变曲线整体上高于基于模拟数据得到的等效应力-应变曲线。

以单向拉伸试验获得的应力-应变关系 $\sigma_{\text{u-exp}}=f(\varepsilon_{\text{u-exp}})$ 作为输入材料模型，对管材非脉动液压胀形过程进行模拟，基于模拟结果数据计算得到的等效应力-应变关系曲线 $\sigma_{\text{u-FEM}}=f(\varepsilon_{\text{u-FEM}})$ 与其输入材料模型 $\sigma_{\text{u-exp}}=f(\varepsilon_{\text{u-exp}})$ 之间的最大偏差位于胀形初期 D 点处（$\varepsilon_e=0.019$），约为 30.5%（偏差=$|(\sigma_{模拟}-\sigma_{试验})|/\sigma_{试验}\times 100\%$）。

对于非脉动液压胀形过程的模拟结果，若以非脉动液压胀形试验结果得到的等效应力-应变关系曲线 $\sigma_{\text{n-exp}}=f(\varepsilon_{\text{n-exp}})$ 作为输入材料模型，则基于模拟结果计算得到的等效应力-应变关系曲线 $\sigma_{\text{n-FEM}}=f(\varepsilon_{\text{n-FEM}})$ 与其输入材料模型 $\sigma_{\text{n-exp}}=f(\varepsilon_{\text{n-exp}})$ 之间的最大偏差位于胀形末期 B 点处（$\varepsilon_e=0.300$），约为 3.8%。

对于脉动液压胀形过程的模拟结果，若以脉动液压胀形试验结果计算的等效应力-应变关系曲线 $\sigma_{\text{p-exp}}=f(\varepsilon_{\text{p-exp}})$ 作为输入材料模型，则基于模拟结果计算得到的等效应力-应变关系曲线 $\sigma_{\text{p-FEM}}=f(\varepsilon_{\text{p-FEM}})$ 与其输入材料模型 $\sigma_{\text{p-exp}}=f(\varepsilon_{\text{p-exp}})$ 之间的最大偏差位于胀形末期 A 点处（$\varepsilon_e=0.411$），约为 4.5%。

上述分析表明，用基于脉动液压胀形试验结果计算获得的等效应力-应变关系作为输入材料模型，与直接采用单向拉伸试验得到的应力-应变关系曲线 $\sigma_{\text{u-exp}}=f(\varepsilon_{\text{u-exp}})$ 作为输入材料模型，对管材脉动液压胀形过程进行模拟，前者得到的模拟结果精度更高。

8.6.2 脉动液压的影响分析

根据试验结果，发现液压力的脉动振幅和频率对管材的等效应力-应变曲线的影响规律基本相似。因此，本小节以脉动振幅为 3.34 MPa 和脉动频率为 1.7 c/s 为例，分析脉动液压参数对管材等效应力-应变关系的影响规律。

（1）脉动振幅对管材等效应力-应变曲线的影响规律

如图 8-4(a) 所示，各种脉动振幅情况下，等效应力-应变曲线均呈现不同程度的波动，并且随着脉动振幅的增大而增大。为了清晰地显示脉动振幅对等效应力-应变曲线的影响情况，分别提取出图 8-4（a）中的各条曲线的峰值、中值，并绘制成光滑曲线，分别称为峰值等效应力-应变曲线和均值等效应力-应变曲线，如图 8-7 所示。

从图 8-7 可以看出，随脉动振幅的增大，两种等效应力-应变曲线的位置均提升，但均值等效应力-应变曲线提升量相对要小。此外，脉动液压胀形与非脉动液压胀形对比，在胀形前期，前者的等效应力-应变曲线要高于后者；而在变形后期，前者缓慢升高，而后者快速升高。原因如下：从图 1-5（a）可以看出，脉动液压力 P 是在非脉动的基准液压力 P_0 基础上叠加一个脉动振幅 $\pm\Delta P$，相对于非脉动液压胀形，其受到的有效液压力更大；而且随着液压胀形的进行，由于管材两端也受到上升、下降这种交替变化的脉动液压力的作用，管材与模具定位圈、密封柱的接触摩擦也呈现上升、下降的交替现象，降低了有效摩擦力，从而使材料胀形需要的液压力增长减缓。最后，从图 8-7 还可以看到：脉动液压胀形时，试件破裂时的等效应力和等效应变量均随脉动振幅的增大而增大，且均大于非脉动液压胀形时的相应量。这说明脉动液压加载方式能产生更大的变形程度，且脉动振幅越大，越有利于管材的塑性变形。

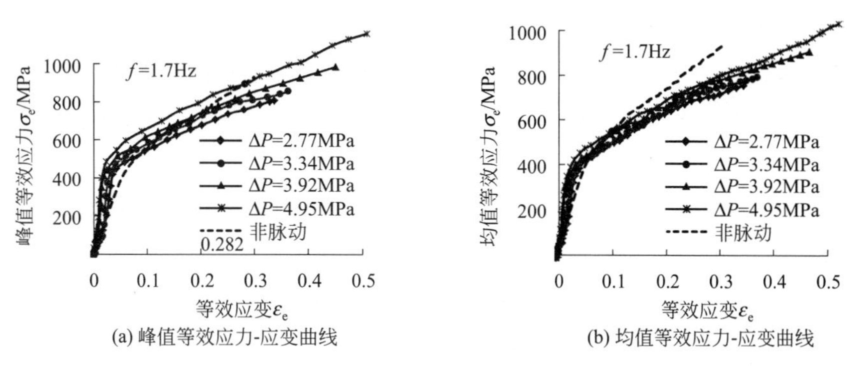

图 8-7　脉动振幅对等效应力-应变曲线的影响（脉动频率 $f=1.7c/s$）

（2）脉动频率对管材等效应力-应变曲线的影响规律

如图 8-8 所示，脉动频率对等效应力-应变曲线的影响与脉动振幅的影响相似：脉动频率大，则峰值等效应力-应变曲线和均值等效应力-应变曲线位置均提升。但胀形不久后，非脉动液压胀形的等效应力-应变曲线迅速提升，超过脉动液压胀形的等效应力-应变曲线。从图 8-8 还可以看到：试件破裂时的等效应力和等效应变量也均随脉动频率的增大而增大，且均大于非脉动液压胀形时的相应值，这说明脉动液压胀形时，较高的脉动频率可以明显地改善管材的成形性。

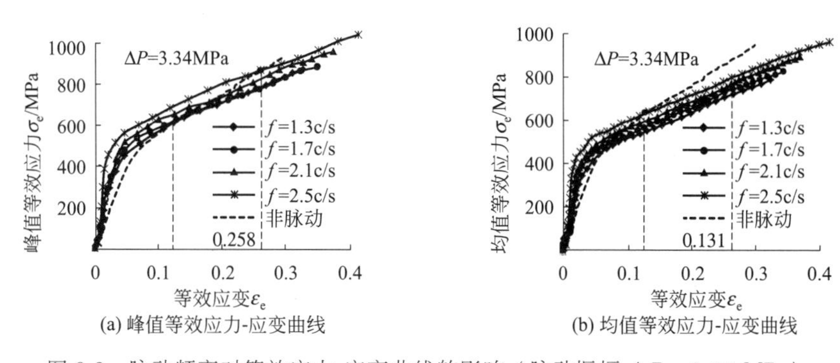

图 8-8　脉动频率对等效应力-应变曲线的影响（脉动振幅 $\Delta P=3.34$ MPa）

本章小结

本章分别基于管材液压胀形试验和模拟结果数据，计算得到管材在脉动、非脉动液压胀形时的等效应力-应变关系曲线，分析了液压力的脉动振幅和频率对管材的等效应力-应变曲线的影响规律，可以得出如下结论。

① 在假设液压胀形中各时刻的子午向轮廓形状函数及管材的等效应力-应变关系均为多

项式的条件下，基于自然胀形的力学模型、塑性增量理论、塑性变形功原理等，采用曲线拟合方法并结合自然胀形试验，提出了确定管材脉动液压胀形时的等效应力-应变关系的方法。应用此方法无须在线测量胀形区子午向曲率半径就能确定管材的等效应力-应变关系，而且所得到的等效应力-应变关系能够较好地描述管材的脉动液压胀形规律。

② 直接将单向拉伸试验得到的应力-应变关系曲线作为输入材料模型，来模拟管材液压胀形过程，模拟结果与试验结果存在较大差异；而采用基于液压胀形试验结果数据计算的等效应力-应变关系作为输入材料模型，模拟精度相对较高。

③ 在脉动液压胀形时，获得的等效应力-应变曲线均呈现不同程度的波动，并且随着脉动振幅、脉动频率的增大，这种波动现象也更加明显。

④ 脉动振幅和频率对等效应力-应变曲线的影响规律相似：脉动振幅和频率大，则等效应力-应变曲线位置提高；脉动液压胀形与非脉动液压胀形对比，胀形前期，前者的等效应力-应变曲线高于后者；但在胀形后期，前者上升缓慢，而后者上升速度更快。

⑤ 随脉动振幅和频率的增大，试件破裂时的等效应力和等效应变量均较大，且均大于非脉动液压胀形时的相应量，这说明大的脉动振幅、高的脉动频率的液压力有助于提高管材的成形性。

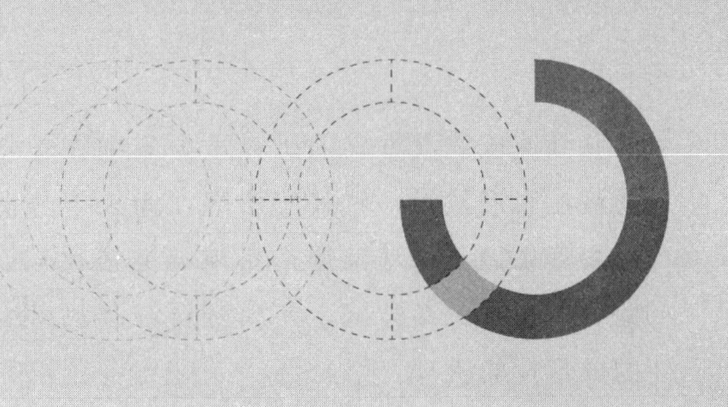

第9章

脉动液压加载下管材的径压胀形

9.1 概述

作为一种新型的液压胀形方式，管材径压胀形逐渐引起了人们的关注。但目前，管材径压胀形的变形规律尚未十分清楚，可能制约其推广应用。研究表明，脉动液压加载方式可以有效地提高管材轴压胀形的成形性，但脉动液压加载方式对管材径压胀形的影响规律等尚未清楚。

本章的主要研究工作是，分别在脉动、线性液压加载方式下对SS304不锈钢管材进行径压胀形试验，对胀形后的试件进行金相检验，分析液压力的脉动振幅和频率对试件的形状精度、壁厚分布及微观组织的影响，尝试建立起脉动液压加载方式下SS304不锈钢管材径压胀形规律与微观组织结构的关系，从微观角度探索脉动液压加载提高管材成形性的机理[137~139]。

9.2 管材径压胀形的研究现状

随着航天航空、汽车工业等领域对零部件轻量化的要求越来越高，管材液压胀形作为一种轻量化加工技术也越来越受到重视[140~142]。但是在生产几何尺寸大、形状复杂、截面异型的中空薄壁件时，由于沿轴向材料难以流入胀形区，管材的成形性会比较差。为克服这种缺点，1998年，Morphy提出了管材径压胀形技术，即管材在内部液压力和外部径向压缩（而非轴向压缩）共同作用下的复合成形，如图2-11所示[84]。

在影响管材径压胀形的多种因素中，液压加载方式是其中一个重要因素。脉动液压加载方式可以使管材的成形性得到显著提高[16]。近年来，国内外学者对脉动液压加载方式提高管材成形性的机理进行了研究，取得了一些积极成果[49,143,144]。但是，此前对脉动液压加载方式的研究主要集中在管材轴压胀形。管材径压胀形是一个相对新颖的液压胀形技术，对其变形规律尚未十分清楚。对脉动液压加载方式下管材径压胀形的变形规律及脉动液压的影响研究还比较少，因此，有必要开展系统的研究。笔者在此方面作了一些尝试，并从材料的微观组织变化探索脉动液压加载提高管材径压胀形的成形性的机理。

9.3 管材径压胀形的试验研究

在本节中，介绍在自行开发的脉动液压胀形试验系统所进行的管材径压胀形试验，然后基于试验结果，对比分析脉动、线性液压加载方式下管材径压胀形的成形性。最后，分析脉动液压参数（液压力的脉动振幅及频率）对管材成形性的影响规律。

径压胀形试验所用材料为SS304不锈钢管材，其初始几何参数和力学性能指标如表9-1所示。值得指出的是，从市场上购入的管材，初始壁厚可能存在10%的偏差。

表9-1 SS304不锈钢管材的初始几何参数和力学性能指标

参数	数值	参数	数值
管材外径 d_0/ mm	32	屈服强度 σ_s/ MPa	342.3
管材厚度 t_0/ mm	0.6	抗拉强度 σ_b/ MPa	847.3
管材长度 l_0/ mm	150	泊松比 ν	0.2
胀形区长度 l_b/ mm	90	硬化指数 n	0.47
各向异性指数 γ	1	强度系数 K / MPa	1708.4
杨氏模量 E/ GPa	194.02		

脉动液压胀形试验系统主要由液压产生系统、脉动产生系统、径压胀形试验装置和数据采集系统四个部分构成。在此系统上分别进行脉动、线性液压加载方式下管材径压胀形试验。液压产生系统参见第2.3.1节，脉动产生系统参见第2.3.2节，径压胀形试验装置参见图2-12。

径压胀形试验分别采用两种液压加载曲线，即脉动、线性液压加载曲线，如图9-1所示。虚线代表线性液压加载曲线，而正弦波动的曲线则为脉动液压加载曲线。可以用式（2-1）表达，其脉动液压参数如表9-2所示。专门将脉动液压加载曲线波峰处的最大液压力P_{max}大小设置成落在线性液压加载曲线上。

在脉动液压的作用下管材逐渐胀形。胀形结束后，测量试件中截面上的几何尺寸。得到的部分径压胀形试件如图9-2所示，其中前排中间两个胀形试件是用电火花线切割机（Wire Electrical Discharge Machining）从中间剖开的，以便测量壁厚。

表9-2 试验中采用的脉动液压参数

最大加载液压力 P_{max}/ MPa	32，35，38，$41^{a,b}$
脉动频率 f/(c/min)	30^b，50，70^a，90，110^a，130，150^a，170，190^a，210，230，250，270
脉动振幅 Δp/MPa	2^b，3^b，$4^{a,b}$，5^b

注：在上标 a 和 b 对应的脉动液压参数值条件下胀形的试件，进行了微观组织的检测分析。

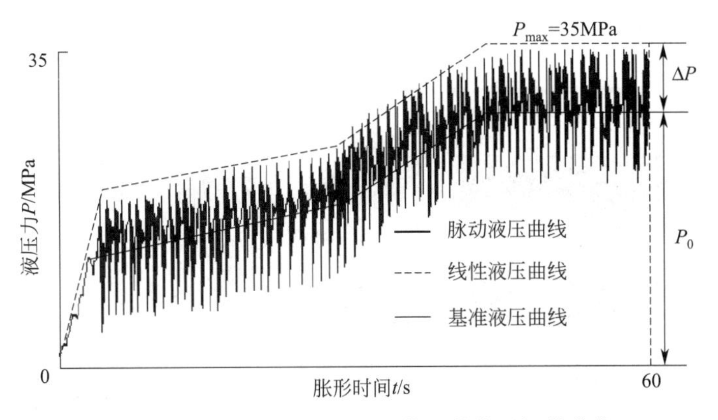

图 9-1　径压胀形试验中采用的两种液压加载曲线

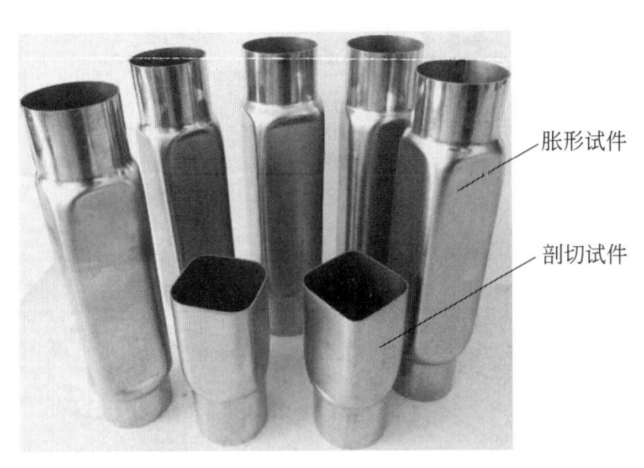

图 9-2　部分径压胀形试件

9.4　管材径压胀形的变形规律

本节引用两个指标来评价 SS304 不锈钢管材在径压胀形中的成形性，如图 9-3 所示。一个是胀形试件中截面上的对角线长度 L，用于表示材料的贴膜性能和胀形试件的形状精度；另一个是壁厚差值 Δt，即胀形试件中截面上最大壁厚值与最小壁厚值之差，用于表示试件的壁厚均匀程度。对角线长度 L 越大且壁厚差值 Δt 越小，表明试件的成形性就越好。胀形后试件的壁厚值，是用千分尺在中截面上沿外形每隔 2mm 间隔测量得到的。

9.4.1　两种液压加载方式下的成形性对比

图 9-4 所示为两种液压加载方式下管材成形性的对比情况。从图中可以看出，在两种液压加载方式下，随着最大液压力 P_{max} 的增大，对角线长度 L 也增大，相对于线性液压加载方式，脉动液压加载时得到的对角线长度 L 更大。另一方面，在两种液压加载方式下，随着最大液压力 P_{max} 的增大，得到的壁厚差值 Δt 也增大，相对于脉动液压加载，线性液压

加载时得到的壁厚差值 Δt 更大一些。总之，脉动液压加工方式可以显著地改善胀形试件的形状精度及壁厚均匀性。

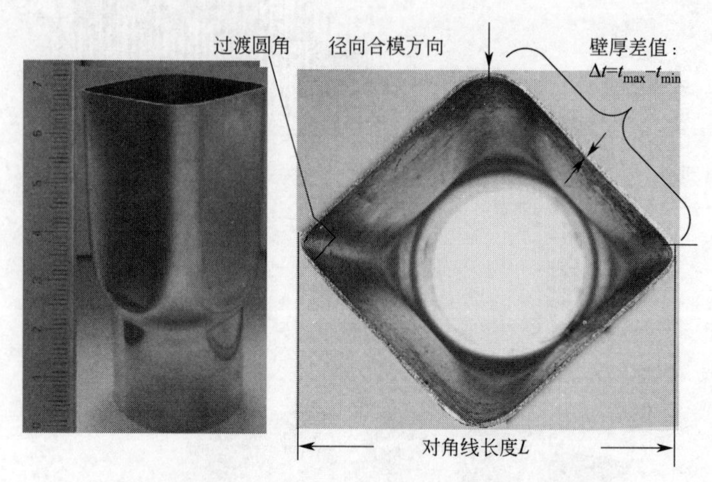

图 9-3　用于评价径压胀形中管材成形性的两个指标

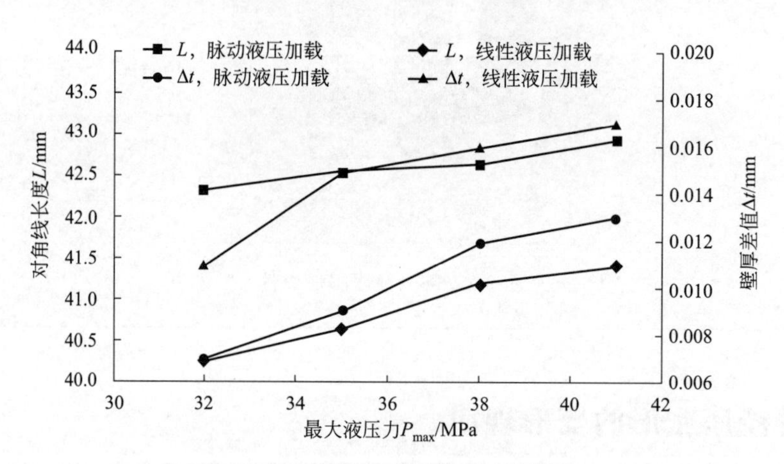

图 9-4　两种液压加载方式下胀形试件中截面上几何参数

（脉动振幅 $\Delta P=4$MPa，脉动频率 $f=30$c/min）

9.4.2　脉动液压对成形性的影响

为叙述简便，本小节中，主要分析脉动振幅 $\Delta P=4$MPa 和脉动频率 $f=30$c/min 的情况。

图 9-5(a) 所示为试件对角线长度 L 随脉动频率 f 的变化情况。从图中可看出：无论是在哪一个最大液压力（p_{max} 为 32MPa、35MPa、38MPa 或 41MPa）作用下，对角线长度 L 随脉动频率 f 的变化规律都基本相似，对角线长度 L 随着脉动频率的增大而呈波浪式变化。在脉动频率 $f<150$ c/min 时，对角线长度 L 呈非线性增大，当脉动频率 $f=150$c/min 时，对角线长度 L 达到最大值；当脉动频率 $f>150$c/min 时，对角线长度 L 呈非线性减小，最后趋于稳定。脉动频率对壁厚差值的影响则稍微复杂一些。图 9-5(b) 所示为试件壁厚差值 Δt 随脉动频

率 f 的变化情况。从图中可看出，壁厚差值 Δt 随着脉动频率的增大而呈波浪形变化，但当脉动频率 $f=130\text{c/min}$ 时，即与如图 9-5(a) 中的脉动频率 $f>150$ c/min 很接近，壁厚差值 Δt 达到最小值。壁厚差值的波动变化可能是由于壁厚测量误差及管坯的初始壁厚偏差而引起的。脉动振幅 ΔP 对试件中截面上几何参数的影响如图 9-6 所示。从图中可看出：随着脉动振幅的增大，试件对角线长度 L 及壁厚差值 Δt 均逐渐减小。

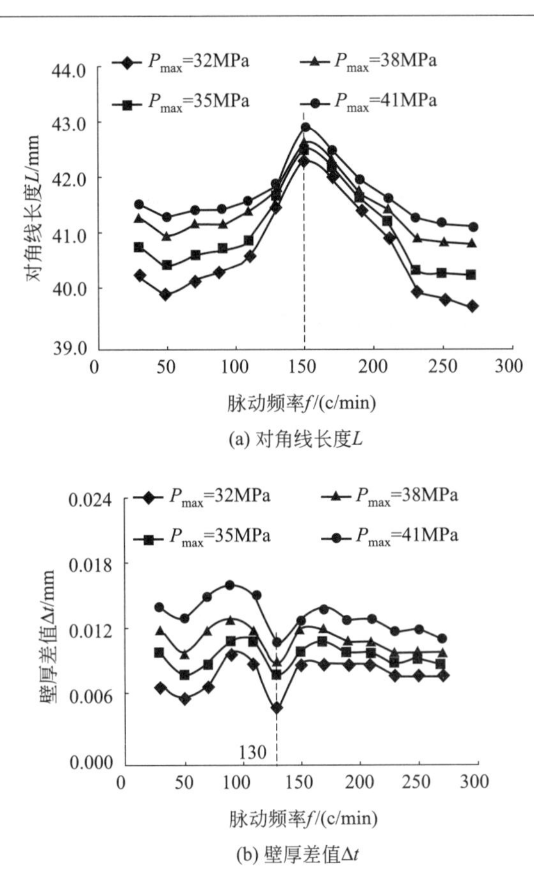

(a) 对角线长度L

(b) 壁厚差值Δt

图 9-5 脉动频率 f 对试件中截面上几何参数的影响（$\Delta P=4\text{MPa}$）

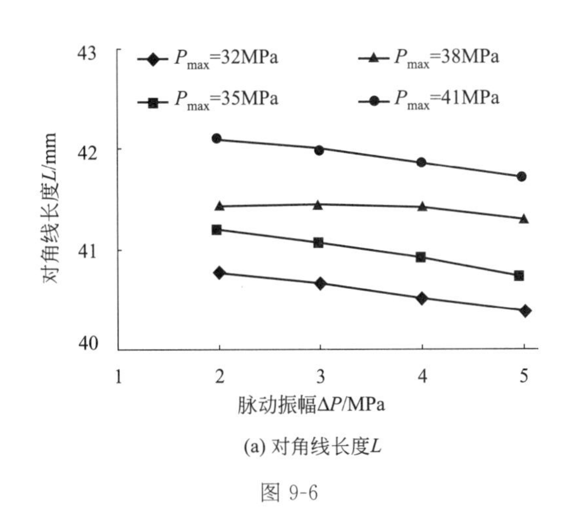

(a) 对角线长度L

图 9-6

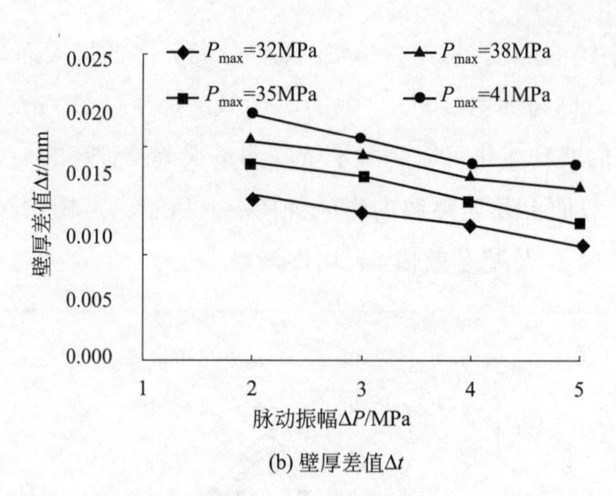

(b) 壁厚差值Δt

图 9-6 脉动振幅 ΔP 对试件中截面上几何参数的影响（脉动频率 $f=30c/min$）

9.5 液压加载方式对微观组织的影响

管材在单向拉伸与液压胀形时，会表现出不同的力学性能[44]。一些研究表明[145,146]，奥氏体材料的内应力可能诱发奥氏体组织向马氏体组织的转变，从而降低材料的韧性。马氏体含量越高，则材料的硬度越大、塑性越差；晶粒越细小，则材料的变形抗力越高。晶粒尺寸通常用单位面积内的晶粒数量来表示，其数值越大，表示晶粒越细小。另外，众所周知，交变加载及卸载可能引起材料内部的组织变化或相变[27]。但是，关于脉动液压胀形中的材料组织变化的研究工作还比较少。本节对比分析液压胀形前、后管材的晶粒尺寸及马氏体含量，以便探索脉动液压对材料微观组织变化的影响规律。本节应用扫描电镜（Scanning Electron Microscope，SEM）检测胀形试件的微观组织，然后对比两种液压加载方式下材料的微观组织变化情况。最后，基于金相检测结果，分析脉动液压对组织演变的影响规律。

9.5.1 金相检测试验

如图 9-7 所示，对胀形试件中截面的过渡圆角处进行金相分析。因为此处是径压胀形时变形量最大的部位。金相试样是从表 9-2 中标注有上标 ***a*** 和 ***b*** 的脉动液压参数条件下的胀形试件中截取的。也从胀形前的管坯截取金相试样进行检测，以便进行对比分析。

截取 20mm(长)×15mm(宽)的金相试样，用专门的镶嵌机将金相试样嵌入树脂座内，然后用金刚砂纸、研磨膏顺次打磨、研磨金相试样的待检测表面，用 10%的草酸溶液电解腐蚀待检测表面。最后，在扫描电镜上分别观测、扫描每个金相试样。

9.5.2 微观组织的对比

将胀形前管坯的金相组织与脉动、线性液压加载方式下径压胀形后的试件的金相组织进行对比，有助于揭示脉动液压加载提高管材成形性的机理。

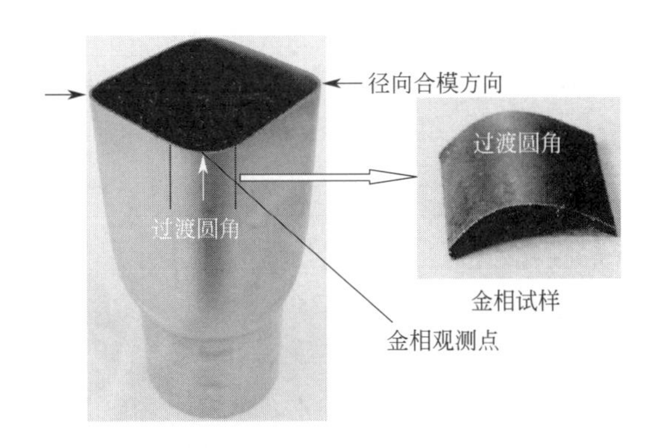

图 9-7　在胀形试件中截面的过渡圆角部位截取的金相试样

图 9-8 为胀形高度为 14mm 试件的微观组织。在胀形后的试件内，均观察到有一定数量的应力诱发马氏体，如图 9-8（b）和图 9-8（c）中标记为 a 的部位；而在未变形材料内部存在着大量的奥氏体，如图 9-8（a）所示。可以观察到，与线性液压加载相比，脉动液压胀形后的试件内，马氏体数量更少、晶粒更大。

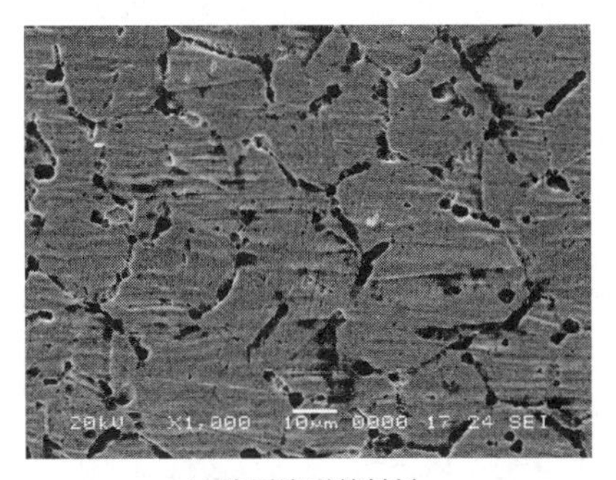

(a) 液压胀形前材料

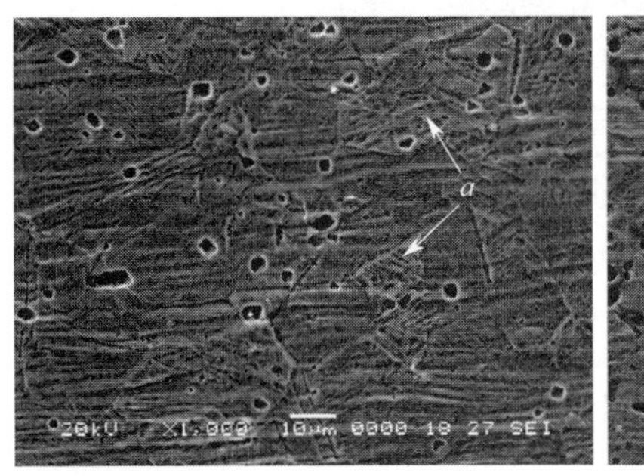

(b) 线性液压加载后

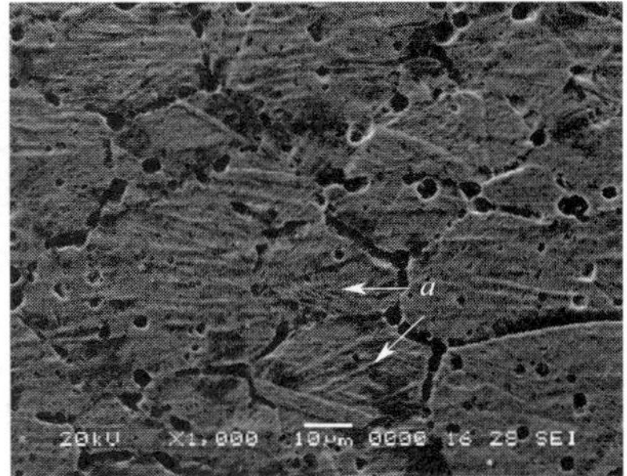

(c) 脉动液压加载后

图 9-8　来自于不同金相试样的微观组织（试件的胀形高度为 14mm）

9.5.3 脉动液压的影响

为叙述简便，在此仅以表 9-2 中上标为 ***a*** 和 ***b*** 的脉动液压参数条件下径压胀形后的试件为对象，分析脉动振幅 ΔP 和频率 f 对它们的微观组织的影响。

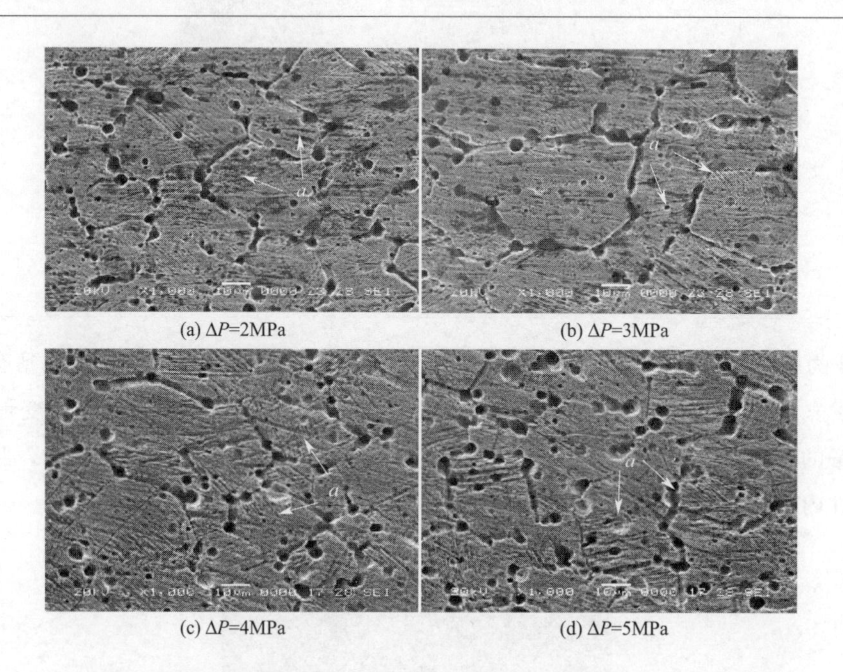

(a) ΔP=2MPa　(b) ΔP=3MPa　(c) ΔP=4MPa　(d) ΔP=5MPa

图 9-9　不同脉动振幅条件下胀形试件的微观组织（f=30c/min，P_{max}=41MPa）

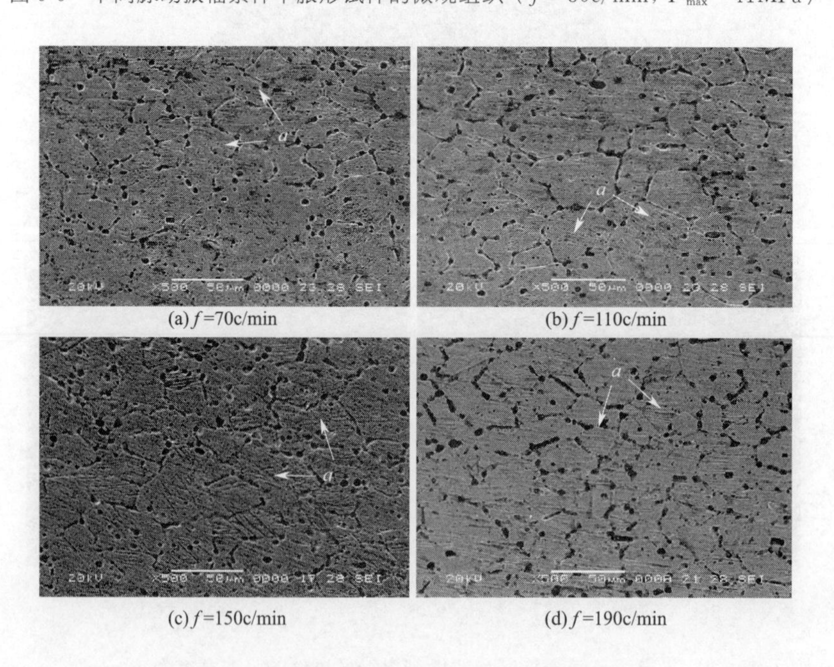

(a) f=70c/min　(b) f=110c/min　(c) f=150c/min　(d) f=190c/min

图 9-10　不同脉动频率条件下胀形试件的微观组织

（ΔP=4MPa，P_{max}=41MPa）

图 9-9 显示了脉动振幅 ΔP 对金相组织的影响情况。从图中可看出，无论在哪种脉动振幅（2MPa、3MPa、4MPa、5MPa）条件下，胀形试件内部都有不同数量的应力诱发马氏体产生。对应上述脉动振幅，在 $10\mu m \times 10\mu m$ 微小面积内，所含的晶粒数量分别是 15、16、16 及 17 个，分别如图 9-9(a)～(d)所示。也就是说，随着脉动振幅的增大，晶粒尺寸有变小趋势，尽管这种变化十分缓慢。

图 9-10 显示了脉动频率 f 对金相组织的影响情况。从图中可看出，无论在哪种脉动频率条件下（70c/min、110 c/min、150c/min、190c/min），胀形试件内部都有不同数量的应力诱发马氏体产生。对应上述脉动频率，在 $10\mu m \times 10\mu m$ 微小面积内，所含的晶粒数量分别是 59、52、47 及 64 个，分别如图 9-10(a)～(d)所示。这表明：当脉动频率 $f < 150$c/min 时，随着脉动频率的提高，晶粒数量在减少，即晶粒尺寸增大；当脉动频率 $f = 150$c/min 时，晶粒数量最少，晶粒最粗大。

9.6 管材成形性提高的微观机理

基于第 9.5 节的分析结果，本节尝试从微观组织角度探讨脉动液压加载方式下管材径压胀形时成形性提高的机理。

金属的宏观塑性变形是一部分晶粒沿着一定晶面相对于另一部分晶粒发生滑动位移的宏观表现，但在各晶粒内塑性变形并不是同时开始，而是首先发生在滑移系与外力夹角等于或接近于 45°的晶粒。研究表明，室温塑性变形量大于 12%时就会产生奥氏体向马氏体的相变，即形变诱发马氏体，而马氏体相是一种高强度相，它的产生会有效提高加工硬化效果[147]。当 SS304 不锈钢达到 12%的塑性变形量时，会产生板条状马氏体，且板条状马氏体内含有大量的位错[148]。

在第 9.5 节中已经证实，在脉动液压加载方式下径压胀形的试件内部，应力诱发了一定数量的马氏体。在脉动液压胀形过程中，由于液压力的反复加载及卸载，弹性变形能交替地积累和释放，即在交变载荷作用下，材料内部发生马氏体相变和马氏体逆相变，从而在材料内部可能析出溶质原子，溶质原子对可动位错具有阻碍作用，即形成“柯氏气团（Cottrell atmosphere）”[149]。“柯氏气团”使大量位错缠结而不能移动，因而产生位错塞积，位错塞积阻碍应力向前运动，从而提高了金属的屈服强度。

此外，在脉动径压胀形过程中，材料吸收脉动液压力的能量，为位错运动提供能量。当脉动频率 f 较低时，脉动应力与材料内部应力叠加使部分位错塞积得以松弛，此时会产生“软化效应”[150]。即随着脉动频率 f 的提高，材料变形抗力降低，材料的流动性变好（反映出试件中截面的对角线长度 L 的增大）。但当脉动频率 f 过高时，变化急剧的载荷会激活一些非基面滑移，位错运动的繁殖速度及强度将迅速增加；而且，由于应力方向分散，在位错内及晶粒边界形成纽结，导致了更加强烈的应力集中。此时，“硬化效应”主导脉动液压胀形过程，即脉动频率 f 过高时，材料变形抗力反而提高，材料的流动性下降（反映出试件中截面的对角线长度 L 的减小）[151]。

结果是，当脉动频率较低（$f<150$ c/min）时，随着径压胀形的进行，“软化效应”的主导作用在增强，从而引起马氏体数量增加、晶粒尺寸减小及试件中截面的对角线长度 L 增大。另一方面，当脉动频率较高时（$f>150$ c/min）时，随着胀形的进行，“硬化效应”的主导作用在增强，从而引起马氏体数量减少、晶粒尺寸增大及试件中截面的对角线长度 L 减小。

从图 9-11 可以看出，随着脉动振幅的增加，液压力波谷随之变低。现以图中的两个节点 a 与 c 之间的曲线段为例进行分析。两节点之间的液压力差值 ΔP_{bc} 是使得从节点 a 到节点 c 的胀形得以实现的有效液压力。一方面，在从节点 a 到节点 b 的卸载（$P<P_a$）过程中，伪弹性回复效应可能发生，即会发生马氏体逆相变，并且随着脉动振幅 ΔP 的增大，马氏体逆相变可能更加明显。另一方面，在从节点 b 到节点 c 的加载（$P>P_a$）过程中，四条曲线的液压力差值 ΔP_{bc} 均是相同的，故脉动振幅 ΔP 对晶粒尺寸的影响程度基本相同。因此，最终结果如图 9-6 所示，随着脉动振幅的增大，试件对角线长度 L 减小。

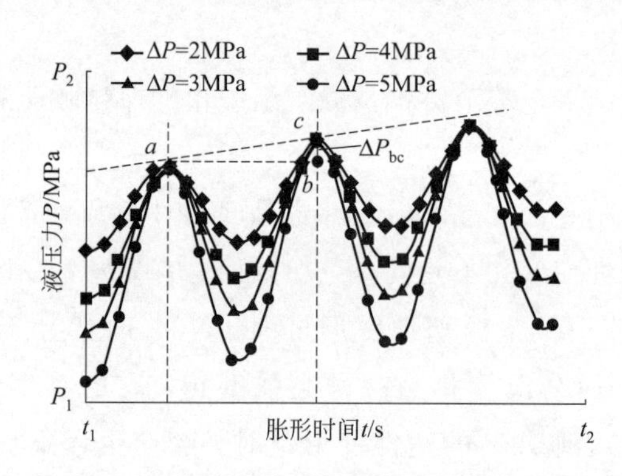

图 9-11 四条脉动液压加载曲线的局部放大图

本章小结

本章中，进行了脉动、线性液压加载方式下的管材径压胀形试验，基于试验结果分析了胀形试件的变形规律；对胀形试件的微观组织进行了金相观测，将变形规律与组织变化联系起来，尝试从微观组织角度揭示脉动液压加载方式下管材径压胀形时的成形性提高的机理，可以得到如下结论。

① 与线性液压加载方式相比，脉动液压加载方式得到的试件精度更高、壁厚更加均匀。也就是说，通过脉动液压加载方式可以提高管材径压胀形的成形性。

② 脉动液压加载方式对管材径压胀形的成形性有显著的影响：随着脉动振幅的增大，试件的壁厚变得更均匀但形状精度有所下降。在本章研究的脉动频率范围 0～300c/min 内，当脉动频率 f 为 130～150c/min 时，试件的壁厚最均匀，形状精度最高。

③ 在脉动、线性液压加载方式下径压胀形后的试件内，均观测到了相当数量的马氏体及晶粒尺寸变化的现象。当脉动频率 $f<150$c/min 时，随着脉动频率的提高，马氏体数量

增多，但晶粒尺寸减小；而当脉动频率 $f>150\mathrm{c/min}$ 时，情况正好相反。马氏体数量随着脉动频率的变化规律与试件中截面的对角线长度的变化规律（即形状精度的变化规律）基本一致。

④ SS304 不锈钢管材径压胀形的成形性得以提高，是由于材料内部微观组织的演变，如马氏体相变和逆相变。当脉动频率较低时（本研究中 $f<150\mathrm{c/min}$）时，材料的软化效应起主导作用；而当脉动频率较高时（本研究中 $f>150\mathrm{c/min}$）时，材料的硬化效应起主导作用。

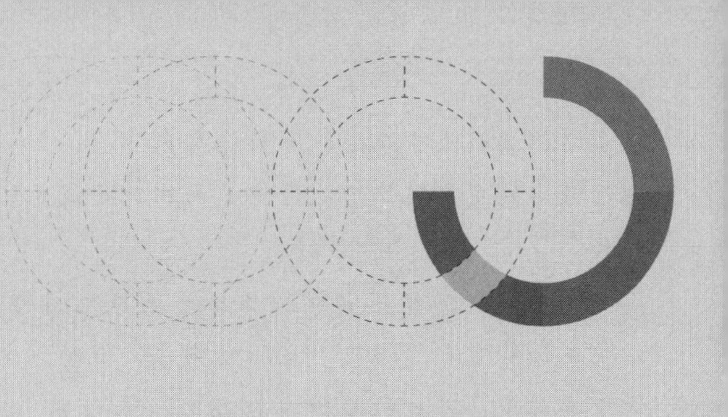

第10章 镁合金板材脉动液压胀形的变形规律

10.1 概述

镁合金板材具有优良的特性，其应用前景非常广阔。镁合金板材在常温下的冷成形性很差，液压胀形特别是脉动液压胀形成为其可选成形方法之一。镁合金板材脉动液压胀形的失效形式是起皱和破裂。研究镁合金板材脉动液压胀形失效现象，对提高镁合金板材的成形性有着重要意义。

本章的主要研究工作是，采用试验研究和模拟相结合的方法，对比研究 AZ31B 镁合金板材在脉动、线性液压加载方式下拉深的成形规律。分析了两种液压加载方式、液压力的脉动振幅及频率对试件最大胀形高度、壁厚均匀性的影响规律。对 AZ31B 镁合金板材在液压胀形过程出现的破裂现象进行分析。研究结果对改善镁合金板材的成形性，扩大其应用有一定的指导作用[152,153]。

10.2 镁合金板材液压胀形的研究现状

镁合金作为最轻的金属结构材料，具有密度小、比强度和比刚度高、导热性好、环保节能等优点。随着汽车、航空航天、3C 等领域对零部件轻量化的需要，镁合金板材的应用越来越广泛[154~156]。目前，镁合金板材加工主要以热成形为主，但热成形时存在装置复杂、操作不便、浪费能源、精确控制温度困难等问题，而且镁合金在高温下极易氧化[157]。所以，镁合金的冷成形技术引起了人们的兴趣。2008 年，笔者对经历多种方式退火后的 AZ31B 镁合金板材进行了常温拉深试验研究，分析了镁合金板材的冷成形特点，指出需要采取特殊成形工艺来提高镁合金板材的成形性[158]。然而，采用常规的冷成形方法，镁合金板材的成形性均较差。板材液压胀形技术由于具有“摩擦保持效应”和“流体润滑效应”等而能有效改善板材的成形条件，使零件具有良好的尺寸精度和成形质量，因此镁合金板材的液压胀形技术引起了人们的关注[72,159]。

在板材的液压胀形过程中，液压加载方式对板材的成形性有较大的影响，例如液压力呈简单线性变化时，试件容易过度变薄、过早破裂，难以得到所需的胀形高度和成形质量。脉动液压加载方式可以延迟起皱与破裂的产生，从而可以改善壁厚均匀性，提高成形极限，并降低成形液压力。由于脉动液压胀形技术具有很好的成形效果，因而具有较大的应用潜力，但该技术目前多用于管材液压胀形。对板材脉动液压胀形的研究尚处于起步阶段，在镁合金板材中的应用研究也鲜见报道。本节采用试验研究方法结合模拟方法，来分析脉动液压加载方式下 AZ31B 镁合金板材液压胀形规律，重点分析试件的最大胀形高度及壁厚分布规律。

10.3 镁合金板材脉动液压胀形试验方法

10.3.1 试验条件

液压胀形试验中所用材料为 AZ31B 镁合金板材，其主要成分指标如表 10-1 所示。根据《金属材料室温拉伸试验方法》(GB/T 228—2010) 进行标准单向拉伸试验，测定出此板材的力学性能指标，如表 10-2 所示。单向拉伸试验在日本岛津 AG-1250kN 拉伸试验机上进行，应变速率在 0.00025～0.0025/s 范围内。液压胀形试验用毛坯直径 $d_0=40$mm，初始厚度 $t_0=0.6$mm。

表 10-1 AZ31B 镁合金板材的成分表 (质量百分数) %

元素	Mg	Si	Fe	Cu	Mn	Al	Zn	Ni
含量	95.78832	0.028	0.0024	0.0008	0.42	2.81	0.95	0.00048

表 10-2 AZ31B 镁合金板材的力学性能指标

材料参数	数值	材料参数	数值
弹性模量 E/GPa	45	延伸率 δ_0/%	12
抗拉强度 σ_b/MPa	245	异性指数 γ	1.67
屈服强度 σ_s/MPa	156	抗拉强度 K/MPa	348
泊松比 ν	0.35	硬化指数 n	0.26
密度 ρ/(g/cm^3)	1.85	维氏硬度 (HV)	54.60

板材脉动液压胀形装置如图 2-16 所示，主要结构部分的尺寸如图 10-1 所示。使用 20 号液压油作为工作介质。对 AZ31B 镁合金板材分别进行线性、脉动液压加载试验。采用的液压加载曲线如图 2-15 所示，将两种液压加载方式下的最大液压力 p_{max} 设置为相同数值。

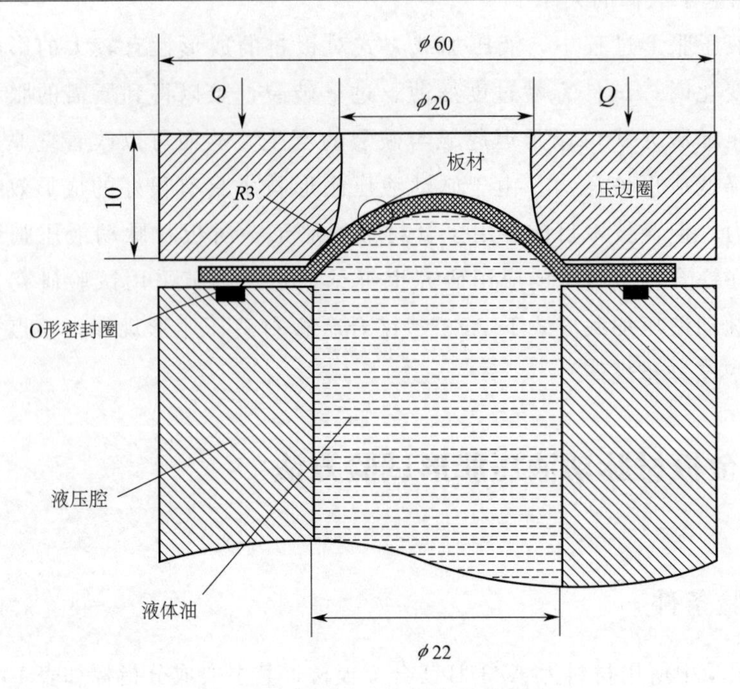

图 10-1　板材脉动液压胀形示意图

压边力对板材液压胀形性有显著影响。根据初步试验结果，当压边力 $Q=3\text{kN}$ 时，成形过程中试件材料沿径向流动量很小，容易出现拉裂现象；而当压边力 $Q=1\text{kN}$ 时，试件的边缘会出现轻微的起皱现象；当压边力 $Q=2\text{kN}$ 时，AZ31B 镁合金板材的成形效果比较好，故在本试验中，设定压边力 $Q=2\text{kN}$。用表盘式扭力扳手拧紧压边圈上的四个紧固螺钉，如图 2-16(b) 所示。从表盘中可以直接读取拧紧扭力值，然后将扭力值换算成压边力值。

10.3.2　试验过程

如图 2-16 所示，将液压腔、减速器、凸轮等安装在底板正确位置上，将液压传感器安装在液压腔的溢流口中，液压腔中注满 20 号液压油。用压边圈将板坯稍微压紧后，用表盘式扭力扳手施加适当压边力（$F=2\text{kN}$）。将溢流阀阈值（即最大液压力 $P_{\max}$）分别设为 5MPa、10MPa、15MPa 和 20MPa。设定好减速器的转动速度后，启动减速器，通过凸轮及活塞杆挤压液压腔内液体，逐渐增大的液压力使板材逐渐成形，当液压力增大到溢流阀阈值时，自动泄流、泄压，随后液压胀形结束。部分胀形试件如图 10-2 所示。

10.3.3　尺寸测量

试件的最大胀形高度、壁厚均匀性是衡量板材成形性的两个重要指标，故在液压胀形试验后，分别对 AZ31B 镁合金试件对称中截面上的最大胀形高度和壁厚进行测量。

图 10-2 部分 AZ31B 镁合金液压试件

采用德国 Kraut Kramer 公司的 CL5 型超声波电子测厚仪来测量试件的壁厚，如图 10-3 所示。该测厚仪应用超声波脉冲反射的原理，通过测量超声波在材料中传播的时间来测量试件的厚度。它能精密测量各种金属和塑料等超薄元件的厚度，测量精度可达到±0.003mm。如图 10-4 所示，在试件的中截面上等间隔地选取 25 个测量点，用 CL5 型超声波电子测厚仪对这些点的壁厚进行测量，记录屏幕上显示的数据，即可得到试件中截面的壁厚分布。

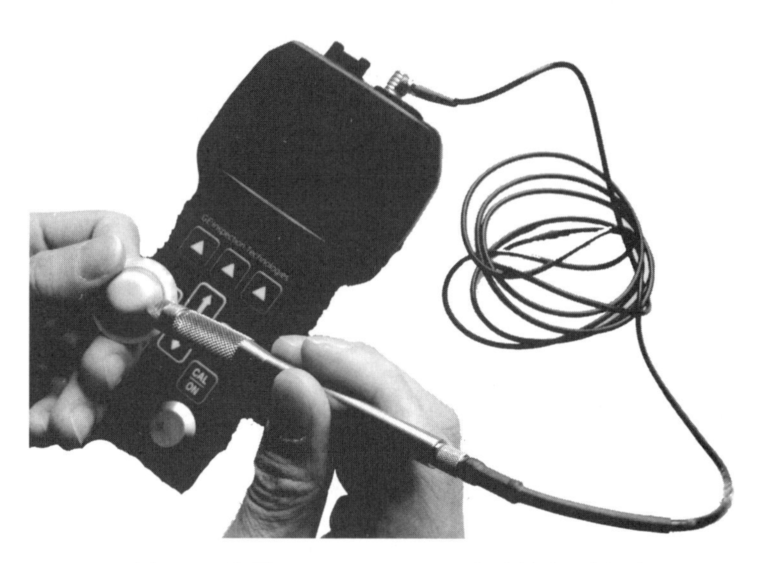

图 10-3 德国 Kraut Kramer CL5 超声波电子测厚仪

采用游标卡尺对试件的最大胀形高度进行测量，如图 10-5 所示，其测量精度为±0.02mm，基本上能够满足所需的数据精度。

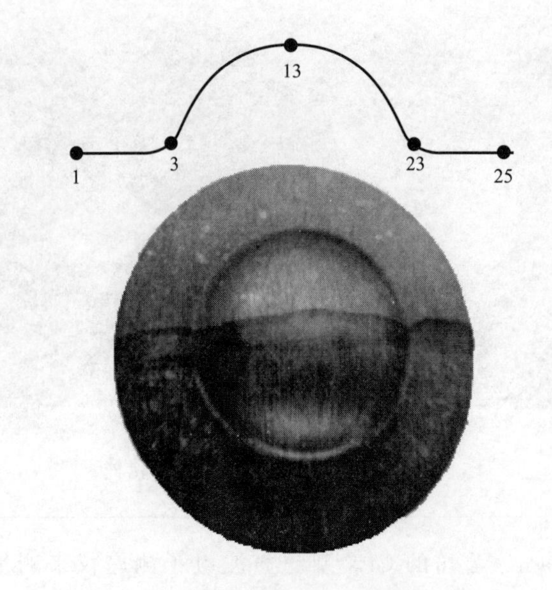

图 10-4　试件上壁厚测量点

图 10-5　试件上最大胀形高度的测量

10.4　镁合金板材液压胀形的模拟方法

运用模拟方法可方便地分析和解释液压胀形试验中的现象，揭示复杂的变形规律。本节采用美国 ETA 公司的有限元软件 DYNAFORM 和求解器 LS-DYNA3D 对 AZ31B 镁合金板材的液压胀形过程进行模拟，其有限元模型如图 10-6 所示，它是基于图 10-1 所示的板材脉动液压胀形装置建立的。

采用 Hollomon 塑性硬化模型 $\sigma_e = K\varepsilon_e^n$ 作为模拟输入的材料模型，式中，材料参数 K 和 n 取值如表 10-2 所示。

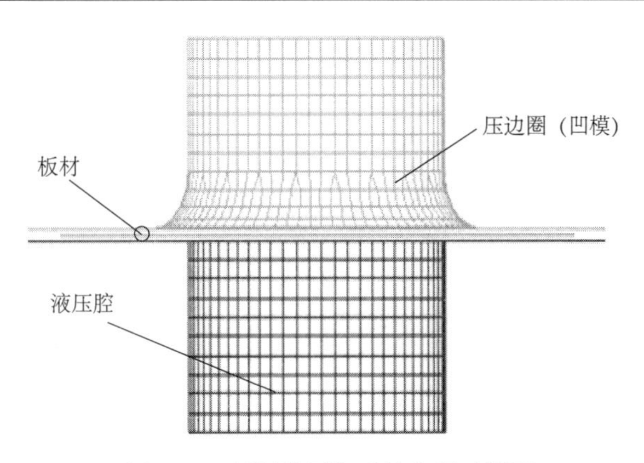

图 10-6　板材液压胀形的有限元模型

在液压胀形过程中，压边圈与液压腔均保持静止不动，两者之间的压边间隙设置为0.6mm，与试验中采用的间隙一致。为简化模型和加速模拟，将它们均设置为刚体。采用四边形 Belytschko-Tsay 壳单元将 AZ31B 镁合金板材离散为 5497 个单元，将其与压边圈、液压腔之间的静摩擦系数均设为 0.05，取动摩擦系数为静摩擦系数的 10%。

分别在如图 2-15 所示的线性、脉动液压加载方式下的镁合金板材液压胀形过程进行模拟，液压胀形总时间设为 0.02s。其中，采用的脉动液压参数如表 10-3 所示。

表 10-3　液压胀形试验及模拟中采用的脉动液压参数

脉动频率 f(c/min)	脉动振幅 ΔP/MPa	最大液压力 P_{max}/MPa
10, 20, 30, 40, 50,	0.5, 1, 1.5, 2	5, 10, 15, 20
60, 70, 80, 90, 100*	3*, 4*, 5*	25*, 30*, 35*

注：带有“*”的数值只在模拟中采用。

10.5　两种液压加载方式下的成形性对比

本节采用下列三个参数作为液压胀形时板材成形性的评价指标。

① 最大胀形高度 h_{max}。试件的最大胀形高度反映板材液压胀形的成形性。以试件中部顶点（即节点 5728 处）的胀形高度值作为最大胀形高度 h_{max}，如图 10-7 所示。

② 最小壁厚值 t_{min}。试件的最小壁厚值 t_{min} 反映板材胀形时破裂的可能性或称变形的可靠性。若 t_{min} 值越大，胀形过程中板材发生破裂的可能性就越小，试件的壁厚越均匀，成形质量也就越好；反之，若 t_{min} 值太小，则过早出现颈缩甚至破裂的可能性就越大。显然，试件中部顶点的壁厚值最小，故取此点处的壁厚值作为最小壁厚值 t_{min}。

③ 试件的壁厚差 Δt。在板材不发生起皱失效或破裂失效的条件下，试件的壁厚差 Δt 越小（试件上最大壁厚 t_{max} 与最小壁厚 t_{min} 的差值），则表明试件各部位的壁厚越接近，试件的壁厚均匀性就越好。

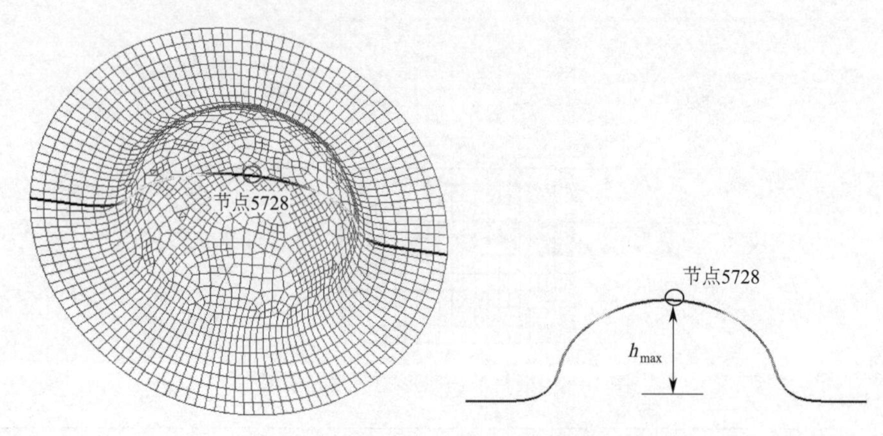

图 10-7　最小壁厚及最大胀形高度位置点

10.5.1　最大胀形高度

图 10-8 为在两种液压加载方式下，试件最大胀形高度 h_{max} 随最大液压力 P_{max} 的变化情况。在两种液压加载方式下，随着最大液压力 P_{max} 的增大，最大胀形高度值 h_{max} 也增大。结合图 10-9 中的模拟结果可以看出，当 P_{max}＜35MPa 时，在相同的 P_{max} 值时，脉动液压加载相对于线性液压加载，可得到更大的 h_{max} 值。例如，在 P_{max}＝25MPa 时，脉动、线性液压加载得到的 h_{max} 分别为 11.123mm 和 7.584mm，前者是后者的 1.47 倍，即镁合金板材在脉动液压加载方式下表现出更好的成形性。另一方面，当 P_{max}＝35MPa 时，两种

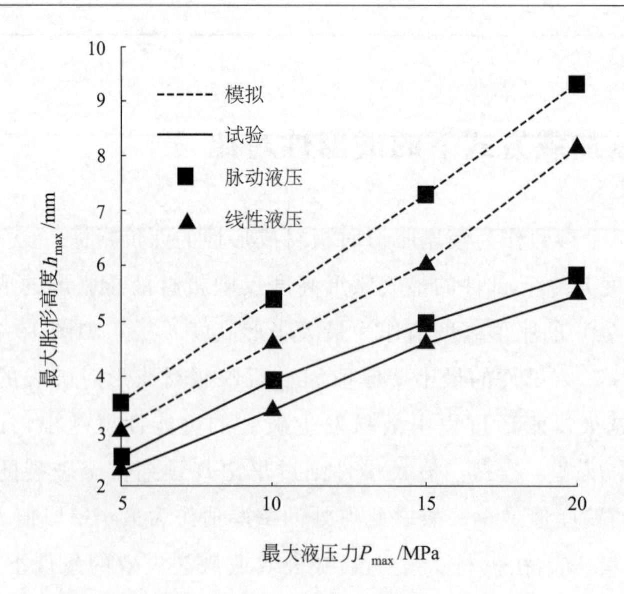

图 10-8　两种液压加载方式下试件的最大胀形高度（$\Delta P=1$MPa，$f=10$c/min）

液压加载方式下得到的 h_{max} 基本相等，均为 14.777mm，说明此时镁合金板材在线性、脉动液压加载方式下的成形性基本相当。模拟结果表明，当 P_{max}>35MPa 时，试件出现破裂现象，即达到了材料的成形极限。

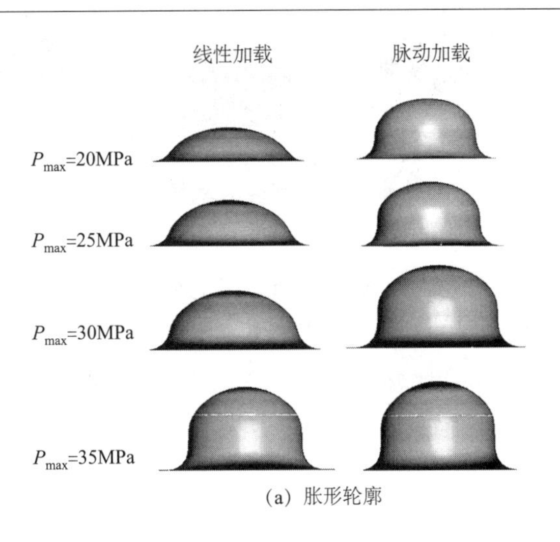

(a) 胀形轮廓

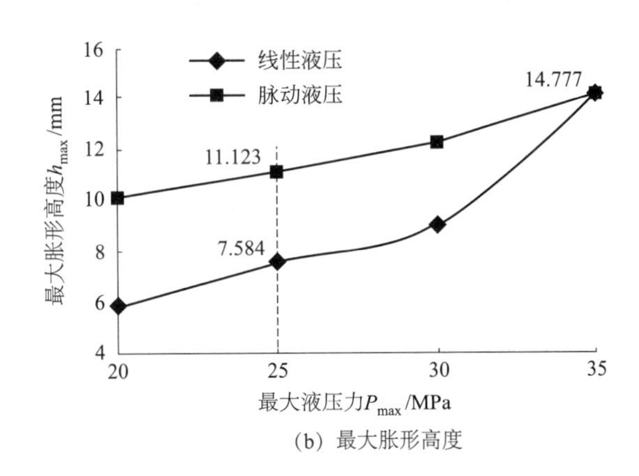

(b) 最大胀形高度

图 10-9 不同最大液压力时的最大胀形高度（模拟结果）

10.5.2 试件壁厚分布

两种液压加载方式下试件中截面的壁厚分布情况如图 10-10 所示。从图中可以看出，在中部胀形区测量点 10～15 处，在线性液压加载方式下，虽然获得的最小壁厚（点 13）更大，但壁厚分布更不均匀。相反，在脉动液压加载方式下，获得的最小壁厚更小，但壁厚分布更均匀。也就是说，在脉动液压加载方式下，板材的变形更加充分，壁厚分布更加均匀。这可能是由于脉动式变化的液压力减少了材料从压边部位向中部胀形区内流动的阻力，从而使更多的材料能够及时补充到胀形区内。

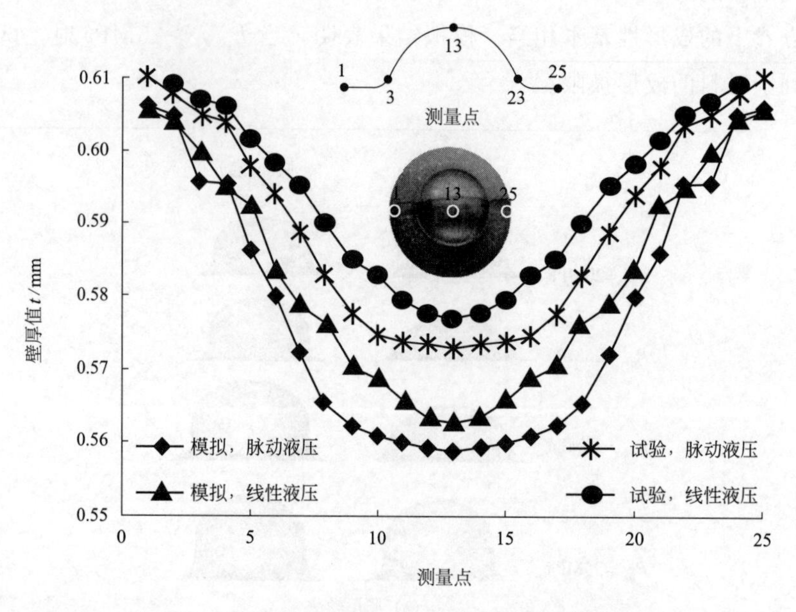

图 10-10　两种液压加载方式下试件中截面的壁厚分布

（脉动液压参数：$P_{max}=10MPa$，$\Delta P=1MPa$，$f=10c/min$；线性液压参数：$P_{max}=10MPa$）

图 10-11 为两种液压加载方式下试件中截面的最小壁厚值 t_{min} 随最大液压力 P_{max} 的变化情况。从图中可知，在两种液压加载方式下，随着最大液压力 P_{max} 的增大，最小壁厚值 t_{min} 均呈现非线性式地减小。当 $P_{max}=20MPa$ 时，在两种液压加载方式下得到的 t_{min} 相同，均为 0.546mm。但当 $P_{max}>20MPa$ 时，在相同的最大液压力时，脉动液压加载方式相对线性液压加载方式，可以得到更大的最小壁厚值，即在脉动液压加载方式下试件发生破裂的可能性更小、壁厚更加均匀。当 $P_{max}=35MPa$ 时（接近破裂），脉动、线性液压加载得到的 t_{min} 相差最大，分别为 0.466mm 和 0.441mm，前者是后者的 1.06 倍，即此时的脉动液压加载方式得到的成形效果最好。

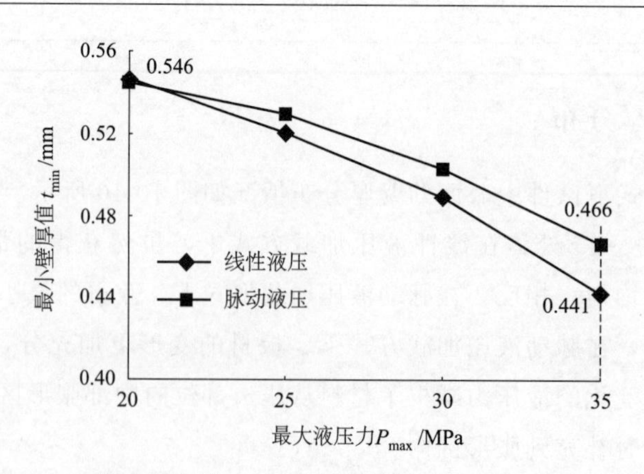

图 10-11　两种液压加载方式下试件中截面的最小壁厚值（模拟）

10.6 脉动液压参数对镁合金板材成形性的影响

10.6.1 对最大胀形高度的影响

图 10-12 为最大胀形高度 h_{max} 随脉动频率 f 的变化曲线。从图 10-12(a) 可以看出，在相同的脉动振幅 ΔP 时，最大胀形高度 h_{max} 随脉动频率 f 的增大而呈波浪形变化。但当 $f \leqslant 30$c/min 或 $f \geqslant 70$c/min 时，h_{max} 几乎保持不变化。在脉动频率 $f < 50$c/min 时，h_{max} 呈现非线性缓慢增大；当脉动频率 $f = 50$c/min 时，h_{max} 达到最大值；当 $f > 50$c/min 时，h_{max} 呈现非线性缓慢减小并趋于稳定。对于不同的脉动振幅 ΔP，脉动频率 f 对 h_{max} 的影响规律基本一致，并且无论对应哪个脉动振幅 ΔP，均是当频率脉动 $f = 50$c/min 时，得到的 h_{max} 最大。

从图 10-12(b) 可以看到相同的变化规律：无论对应哪个最大液压力 P_{max}，均是当脉动频率 $f = 45$c/min 时，h_{max} 达到峰值。根据试验及模拟结果得到的 h_{max} 的峰值之间存在差异，是可以理解的。

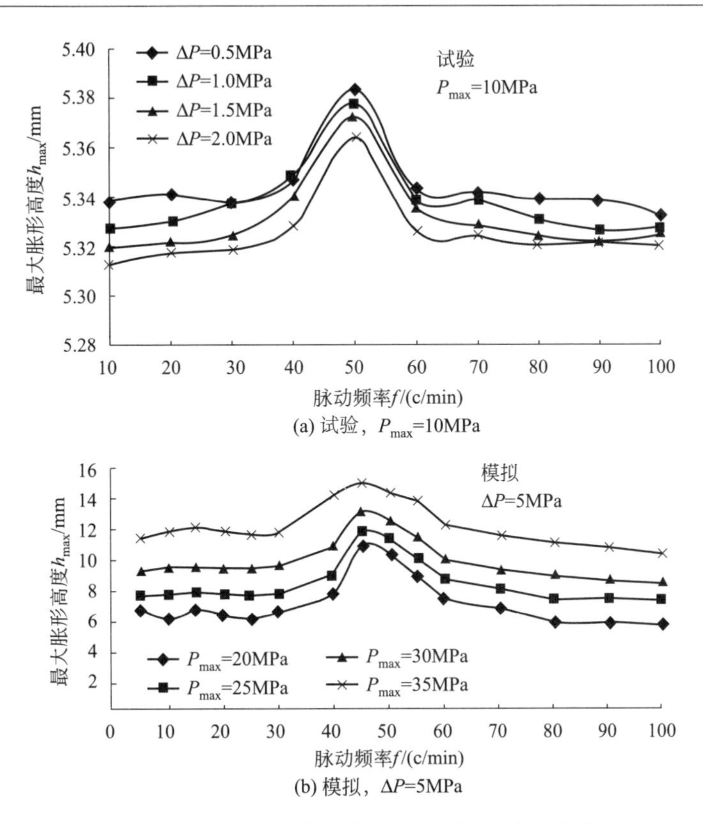

图 10-12　最大胀形高度值随脉动频率的变化曲线

从图 10-13 可以看出，当脉动频率 $f = 50$ 时，随着脉动振幅 ΔP 的增大，最大胀形高度

h_{max} 逐渐增大。但在最大液压力 P_{max} 比较小时，h_{max} 的增加变得十分缓慢。

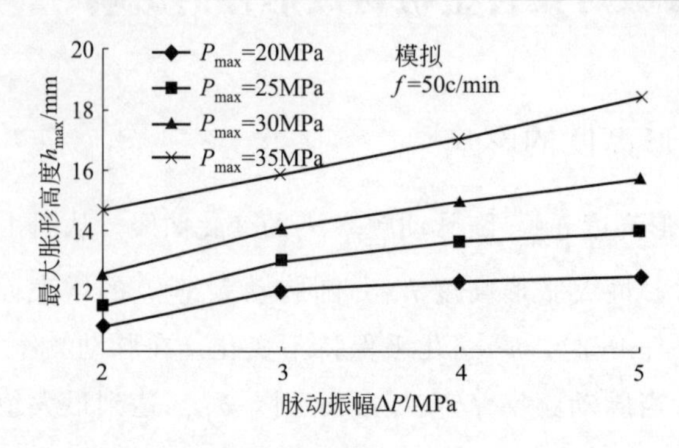

图 10-13　最大胀形高度值随脉动振幅的变化曲线（模拟，$f=50$c/min）

10.6.2　对最小壁厚的影响

图 10-14 为最小壁厚值 t_{min} 随脉动频率 f 的变化曲线。从图 10-14(a) 可以看出：对应各种脉动振幅情况（ΔP 为 2MPa、3MPa、4MPa 或 5MPa）时，最小壁厚值 t_{min} 变化趋势基本一致。在脉动频率 $f=20$c/min 时，最小壁厚值 t_{min} 达到最小值，试件最容易破裂；而在脉动频率 $f=60$c/min 时，最小壁厚值 t_{min} 达到最大值，壁厚分布最均匀。也就是说，合适的脉动振幅及频率才能使 AZ31B 镁合金板材脉动液压胀形的成形质量最好。从图 10-14(b) 可以看出：对应最大液压力 P_{max} 分别为 20MPa、25MPa、30MPa、35MPa 的情况，最小壁厚值 t_{min} 的变化趋势基本一致。随着脉动频率 f 的增加，最小壁厚值 t_{min} 呈缓慢增大，当 $f\geqslant 60$c/min 后，t_{min} 几乎保持不变。上述结果表明：AZ3B 镁合金板材在脉动液压胀形时，选用合适的脉动频率可使最小壁厚值达到最大值，从而使试件成形质量最好。

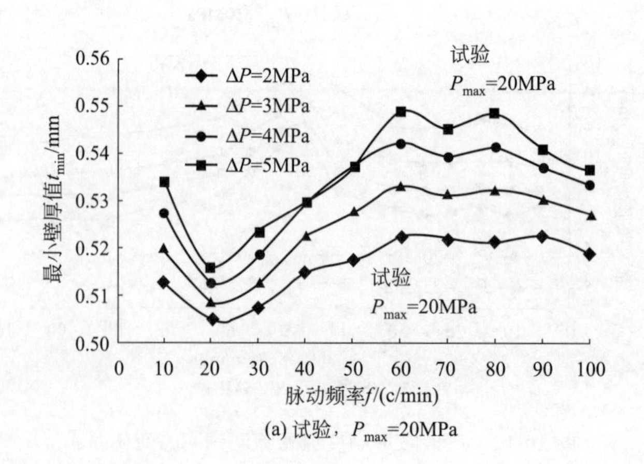

(a) 试验，P_{max}=20MPa

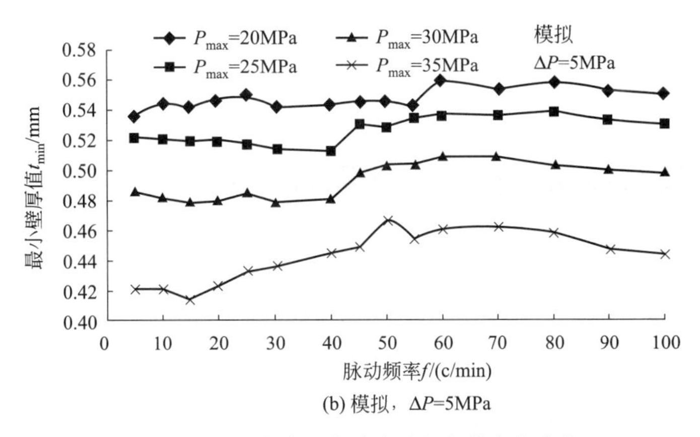

(b) 模拟，ΔP=5MPa

图 10-14　最小壁厚值随脉动频率的变化曲线

从图 10-15 可以看出，当脉动频率 $f=50$ 时，随着脉动振幅 ΔP 的增大，最小壁厚值 t_{min} 缓慢增大，试件的壁厚逐渐变得更均匀。

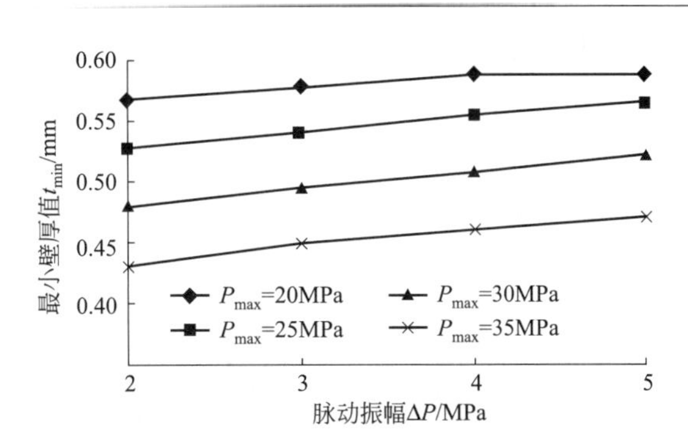

图 10-15　最小壁厚值随脉动振幅的变化曲线（模拟，$f=50$c/min）

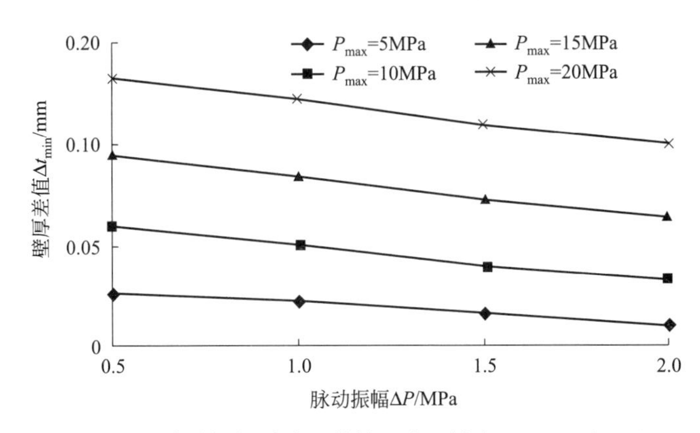

图 10-16　脉动振幅对壁厚差的影响（试验，$f=10$c/min）

图 10-16 所示为在不同最大液压力 P_{max} 条件下，试件的壁厚差 Δt 随脉动振幅 ΔP 的变化规律。从图中可知，对于四组不同的最大液压力 P_{max}，脉动振幅 ΔP 对壁厚差 Δt 的影响

规律相似，即随着脉动振幅 ΔP 的增大，壁厚差 Δt 呈非线性缓慢地减小。这说明脉动振幅 ΔP 越大，试件的壁厚均匀性越好，也就是说，在其他条件一定的情况下，采用较大的脉动振幅 ΔP 可以在一定程度上提高试件的壁厚均匀性。

10.7 镁合金板材脉动液压胀形的破裂形态

AZ31B 镁合金板材在液压胀形的失效形式主要有破裂和起皱。因为可以采取有效措施减轻甚至消除起皱，因而人们更加关注破裂问题。AZ31B 镁合金板材液压胀形时出现破裂现象，其根本原因在于试件破裂处的等效应力超过了材料的抗拉强度。随着液压胀形的进行，试件的承载面积逐渐减小，但应变强化效应却不断增加。当应变强化效应的增大能够补偿承载面积的减小效应时，变形得以稳定地进行下去；当两个效应恰好相等时，变形处于临界状态；而当应变强化效应不能补偿承载面积的减小效应时，变形将集中于承载能力最薄弱位置，在该位置将出现局部减薄区，也就是危险截面，从而最终导致板材出现破裂现象。

10.7.1 线性液压加载时的破裂状态[160]

AZ31B 镁合金板材液压胀形时，可能在试件底部圆角、凸缘、侧壁三处产生破裂，分别是由于胀形阻力过大、凸缘轻微起皱、凸缘严重起皱引起的，如图 10-17 所示。

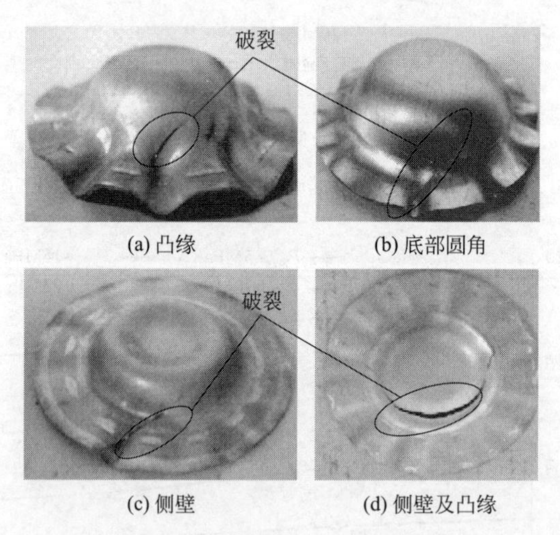

图 10-17 AZ31B 板材线性液压加载胀形时的破裂位置

凸模圆角半径的大小对试件破裂处裂纹走向有很大影响：当 $r_p=5$mm 时，裂纹在底部圆角处出现，然后沿侧壁向凸缘延伸；而当 $r_p=2$mm 时，裂纹的出现及发展均在底部圆角处，如图 10-18 所示。

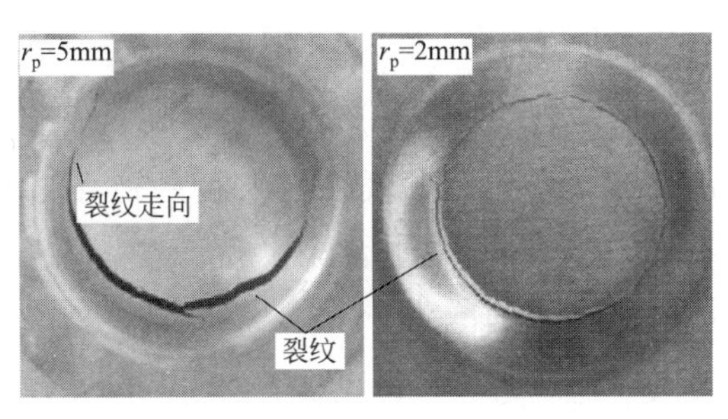

图 10-18　AZ31B 板材线性液压加载胀形时的裂纹走向

底部圆角处的裂纹断面呈现出撕开、拉裂的形态，与试件表面成 45°；而侧壁和凸缘处的裂纹断面则呈现类似纯剪切的形态，与板材表面基本成 90°，如图 10-19 所示。

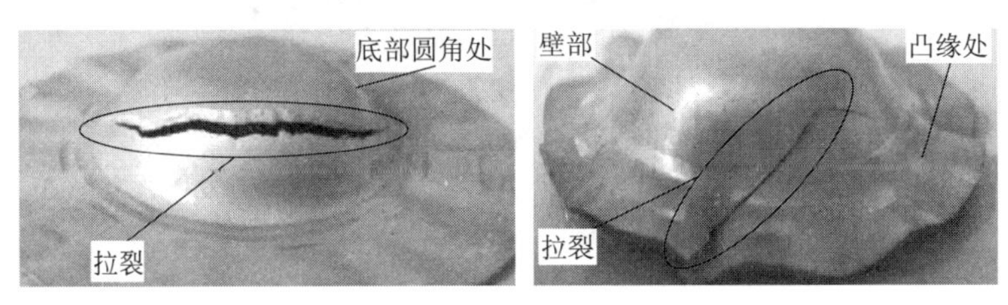

图 10-19　AZ31B 板材线性液压加载胀形时的裂纹形态

10.7.2　脉动液压加载时的破裂状态[152]

(1) 破裂的最大液压力

液压胀形过程是试件的胀形高度逐渐增大而壁厚不断减小的过程。当液压力增大到某个临界值时，试件就可能发生破裂。根据材料的塑性硬化效应，试件发生破裂的临界液压力值（即最大液压力值）越大，板材的极限成形能力就越好。表 10-4 所示为两种液压加载方式下 AZ31B 镁合金板材破裂时的最大液压力。从表中可以看出，在脉动液压加载方式下板材破裂时最大液压力更大，即 AZ31B 镁合金板材破裂前能够承受更大的液压力作用，成形性更好。

表 10-4　两种液压加载方式下 AZ31B 镁合金板材破裂时的最大液压力

加载方式	模拟值/MPa	试验值/MPa
线性液压加载	22.8	25
脉动加载（ΔP = 1MPa，f = 10c/min）	24.7	26

(2) 破裂形状及位置

如前所述，镁合金板材脉动液压胀形过程中的破裂位置主要集中在板材的变形区和过渡区（对应凹模圆角处）。破裂形状大概有三种：第一种是 8 字形，如图 10-20(a) 所示。这种破裂形状具有普遍性，一般发生在变形区。主要原因是：随着液压力的增大，变形区顶部开始局部变薄；随着液压力的继续增大，急剧减薄；当液压力增大到设定的最大液压力时，试件迅速胀形到最大胀形高度。在液压力作用下，试件最薄处会被撕开成 8 字形裂口。第二种是口字形，如图 10-20(b) 所示，这种口字形是 8 字形的一种特殊情况，属于少数现象。发生破裂的原因与 8 字形一样，但是板材在液压胀形过程中可能出现了特别的局部危险点或严重减薄截面。第三种是 O 字形，如图 10-20(c) 所示，这种破裂形状只出现在板材过渡区。主要原因是：试件凸缘区所受压边力过大，形成较大的周向压应力。同时，由于变形区受到较大的液压力，使凹模圆角过渡区材料在周向压应力和法向液压力共同作用下胀形，变薄量较大，并且受到的等效应力超过了材料的抗拉强度，导致此处被拉裂。

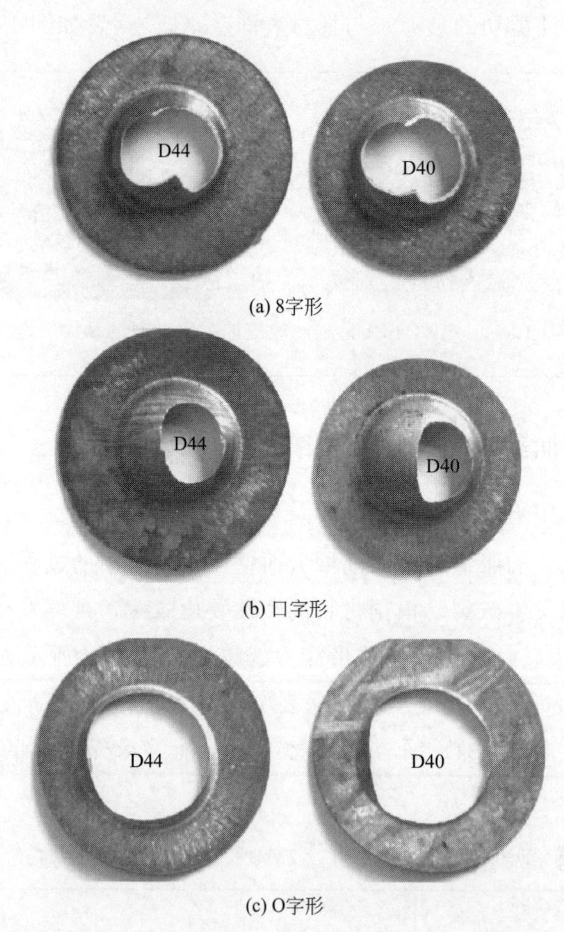

图 10-20　AZ31B 镁合金板材脉动液压胀形时的破裂形状

（图中数字为板坯直径，mm）

（3）破裂的起始位置

AZ31B 镁合金板材脉动液压胀形过程中，从理论上讲，破裂的起始位置在壁厚最薄处，也就是最大胀形高度位置（试件中部顶点），如图 10-21 所示。破裂产生的过程是从中部顶点开始出现破裂口，在液压力作用下裂纹迅速向两边扩散，在正常的情况下，8 字形是最具有普遍性的，如图 10-22 所示。

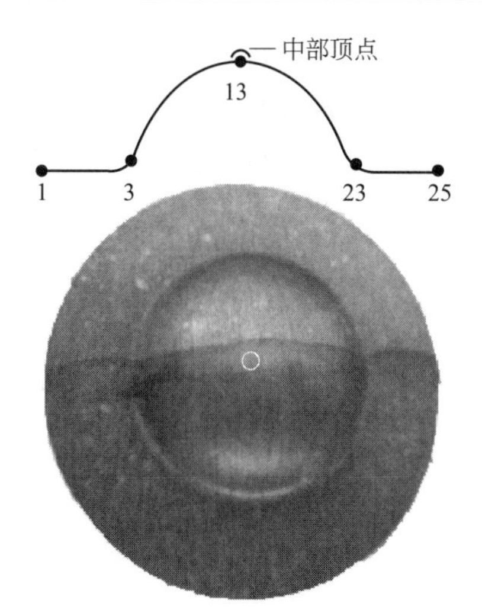

图 10-21　AZ31B 镁合金板材脉动液压胀形时壁厚最薄处

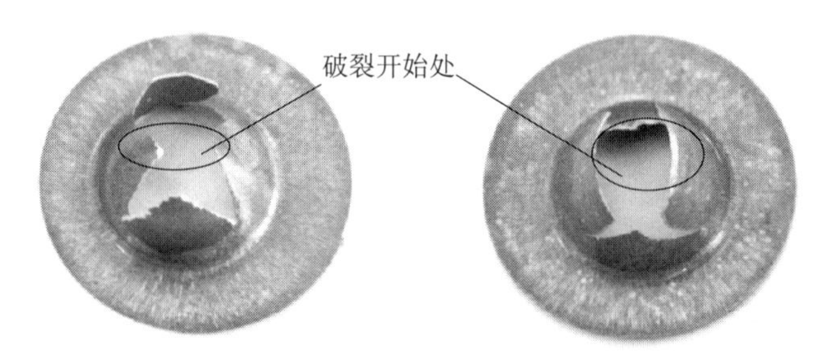

图 10-22　AZ31B 镁合金板材脉动液压胀形时破裂的起始位置

本章小结

通过对 AZ31B 镁合金板材的液压胀形试验及模拟，对比线性、脉动液压加载方式下 AZ31B 镁合金板材的成形性，分析脉动液压参数对最大胀形高度值和最小壁厚值的影响规律，可以得到以下结论。

① 在最大液压力相同条件下，采用脉动液压加载方式，试件可以得到更大的胀形高度 h_{max} 和最小壁厚值 t_{min}，即通过脉动液压胀形，AZ31B 镁合金板材的成形性得到明显提升。

② 在脉动液压加载方式下，可能存在一个合理的脉动频率（本研究中，脉动频率为 40～50c/min 之间），此时，AZ31B 镁合金板材试件的最大胀形高度 h_{max} 和最小壁厚值 t_{min} 均达到最大，成形性最好。

③ 随着脉动振幅 ΔP 的增大，最大胀形高度 h_{max}、最小壁厚值 t_{min} 缓慢增大，即增大脉动振幅，可以提高 AZ31B 镁合金板材的成形性。

④ 在脉动液压加载方式下，用较小的液压力就可以得到足够大的最大胀形高度值；但当最大液压力过大而接近破裂极限时，脉动液压加载与线性液压加载方式下得到的最大胀形高度值几乎相同，但最小壁厚值却相差最大。

⑤ 线性液压加载胀形时，破裂位置可能在胀形试件的底部圆角、凸缘、侧壁三处，且裂纹走向、裂纹断面呈现不同的形态。脉动液压胀形时镁合金板材出现三种破裂形态：8字形、口字形和O字形，其中在胀形区，8字形破裂形状比较多见。

第11章 研究结论与技术展望

11.1 研究结论

11.1.1 管材脉动液压胀形的研究

管材液压胀形技术是加工截面形状复杂的中空薄壁整体结构件一种先进的成形技术，而脉动液压胀形能显著提高成形极限和零件精度、降低成形力和锁模力、扩宽成形力范围等，具有较大的发展潜力和广泛的应用前景。本书以SS304不锈钢管材（外径ϕ32mm，壁厚0.6～0.75mm）的脉动液压胀形为对象，围绕材料的塑性硬化规律、动态摩擦特性、组织结构演变、皱纹控制及利用、管材径压胀形等几个关键科学问题进行系统和深入的研究。现将主要研究工作及取得的结果总结如下。

（1）基于脉动液压胀形环境下管材的塑性硬化规律的研究

研究基于脉动液压环境下（在内部脉动液压力及管端轴向推力的耦合作用下），管材从屈服到破裂的整个成形阶段，通过在线连续、实时地测量试件在整个成形过程的变形场及轮廓数据，并基于这些动态数据构建管材在循环脉动载荷下的塑性硬化模型。此项研究取得的主要结果如下。

① 提出了构建管材塑性硬化模型的新方法。本方法的主要特点是基于管材液压胀形的受力条件，运用塑性增量理论、塑性变形功原理等，构建出管材塑性硬化模型（曲线），使其能更准确地预测管材的塑性变形行为。首先根据管材液压胀形时的受力条件（图8-2），推导出试件轴向轮廓上的子午向应力和环向应力的计算公式(8-2）和式(8-6)。然后结合体积不变条件和塑性增量理论（Levy-Mises方程）得出等效应变的计算公式（8-15），并根据塑性变形功原理等得出等效应力的计算公式（8-17）。最后，通过曲线拟合方法对等效应变和等效应力数据进行多项式拟合，从而得出管材的塑性硬化关系式（图8-5、表8-2)。该方法的主要优点是利用DIC高速散斑机实时检测单个试件在各时刻的位移场数据，经过数据

处理即可直接获得各时刻试件的轴向轮廓曲线函数，进而可以确定各时刻试件的轴向曲率半径（确定塑性硬化关系所必需的量），无须事先假设试件的轴向轮廓形状函数。另外，针对脉动液压胀形环境下管材承受周期性的加载—卸载现象，会产生复杂的动态应力及应变场的特点，运用塑性增量理论构建管材塑性硬化关系，从而反映出加载历史，与运用全量理论的方法相比，所得到的等效应力-应变关系能够较好地描述管材的脉动液压胀形过程。

② 脉动液压胀形时管材的等效应力-应变曲线呈现波动现象，且随着脉动振幅和频率的增大，这种波动现象越明显，等效应力-应变曲线的位置也就越高，试件破裂时的等效应力和等效应变量均变大，这也说明脉动振幅大、脉动频率高的脉动液压力能提高管材的成形性（图 8-7、图 8-8）。

③ 从塑性硬化规律角度揭示了脉动液压提高管材成形性的机理。通过对比脉动与非脉动液压胀形时试件的轴向轮廓形状、轴向壁厚分布、最大减薄率、最大胀形高度和应变变化规律等，证明脉动液压加载具有提高管材成形性的作用。研究结果表明：a. 脉动液压胀形时管材内部液压力处于循环加载—卸载的状态，促进了管端材料的收缩，使胀形区材料得到了及时补充、最大胀形高度更大。b. 与非脉动液压胀形相比，脉动液压加载方式下试件破裂时的壁厚更小、壁厚减薄更严重，但轴向壁厚分布却更均匀，表明脉动液压加载能够获得更好的成形性。c. 脉动液压参数对轴向壁厚分布、最大减薄率、最大胀形高度有显著的影响：当脉动振幅及频率组合不合理时，壁厚减薄将更严重；而当脉动振幅及频率合理组合时，可以使壁厚分布最均匀，最大胀形高度最大。即仅当脉动振幅和频率相匹配时，才能获得很好的变形程度（图 3-1～图 3-7）。

（2）管材脉动液压胀形时的动态摩擦特性及其定量化方法的研究

针对脉动液压胀形环境，提出一个测量导向区摩擦系数的方法，并开发出了摩擦测量试验系统，用于研究导向区的摩擦特性。此项研究取得的主要结果如下。

① 提出了导向区接触压强和动态摩擦系数的测量方法。本方法的主要特点是，在管材液压胀形过程中，依靠管材两端自由收缩时与模具之间相对运动而产生摩擦力（不需要额外的装置来推动管材），通过直接、连续地测量导向区外表面的接触正压力和摩擦力，然后根据库仑摩擦定律来计算其动态摩擦系数（目前常见方法是用易测量的液体压力代替接触正压力）。所提出的测量方法已获得授权国家发明专利（ZL 201410391496. X，图 5-3），所开发的摩擦测量试验系统如图 5-2 所示。

② 建立了管材与模具之间的接触压强与液体压强的关系。研究结果表明（图 5-8）：在脉动、非脉动液压加载方式下，管材内部的液体压强、管材与模具之间的接触压强并不相等，接触压强始终小于液体压强，但是随着液压胀形的进行，接触压强值有逐渐接近液体压强值的趋势。在本研究中，趋近液压胀形的最后时刻，接触压强与液体压强大约相差 20%。可以推测，当管材能够产生更大塑性变形而不破坏时，接触压强最终可能会与液体压强相等，此时用液体压强代替接触压强来计算摩擦系数，结果误差可能较小。脉动液压参数（脉动振幅和频率）对这两种压强有显著的影响：脉动振幅或频率越大，则接触压强的波动（脉动振幅和频率）也越大。但仅在脉动振幅与脉动频率合理匹配时，接触压强才最接近液体

压强。

③ 获得了脉动液压参数对摩擦系数的影响规律。无论在非脉动还是脉动液压加载方式下，管材与模具之间的摩擦系数均随着胀形的进行而呈现下降趋势。与非脉动液压加载相比，脉动液压加载得到的摩擦系数更小。脉动振幅越大，则摩擦系数波动的振幅越大、摩擦系数平均值也就越小；脉动频率越大，则摩擦系数平均值就越小，但对摩擦系数的波动振幅影响不大（图 5-9、图 5-12）。

④ 揭示了动态摩擦特性在提高管材成形性的作用机制。对比分析在脉动、非脉动液压加载方式下导向区的摩擦系数的动态变化情况后发现，在脉动液压胀形过程中，由于受到循环的加载-卸载的液压力作用，管材导向区产生循环的松紧作用，在一定程度上减小了管材导向区的摩擦力，使得材料向胀形区流动更加容易，因此胀形区材料能得到及时补充，从而提高了管材的成形性。

(3) 脉动液压加载对管材液压胀形时组织结构演变的影响研究

在有轴向推力的脉动液压胀形中，由于补料的作用，试件表面会出现皱纹的产生与消失的循环过程，使管材的成形性得到提高。由于管材径压胀形中不存在主动的轴向推力，其提高管材成形性的机理显然有别于有轴向推力的脉动液压胀形。此项研究通过观察 SS304 管材径压胀形后马氏体的含量、晶粒大小，来对比分析脉动、折线液压加载方式对组织的影响，然后分析脉动振幅及频率对组织变化的影响规律，从微观角度探讨了脉动液压加载提高管材成形性的机理。此项研究取得的主要结果如下。

① 线性液压加载与脉动液压加载方式下管材胀形后的组织结构演变不同。在相同的最大液压 P_{max} 下，与线性液压加载相比，脉动液压加载方式下试件的马氏体含量更少、晶粒更粗大，即脉动液压加载减缓了加工硬化、降低了变形抗力，使得试件最大胀形高度更大，且壁厚均匀性更好，即脉动液压加载有效地提高了管材的成形性（图 9-8）。

② 脉动液压参数对 SS304 管材的微观组织有明显影响。在不同的脉动振幅、脉动频率条件下液压胀形后的试件中，均观察到有马氏体组织产生。脉动液压参数对 SS304 管材的微观组织有明显影响：随着脉动频率的增大，马氏体含量逐渐增多、晶粒变大；但当脉动频率提高到一定程度后（约 150c/min），随着频率的增大，马氏体含量反而会减少、晶粒反而变细；随着脉动振幅的增大，产生的马氏体含量基本相同，但晶粒尺寸稍有减小（图 9-9、图 9-10）。

③ 从微观组织演变角度揭示了脉动液压加载方式提高管材成形性的机理。脉动液压加载提高 SS304 奥氏体不锈钢成形性的原因与奥氏体不锈钢在加载-卸载过程中产生的微观组织变化有关。奥氏体不锈钢在加载-卸载过程中，产生马氏体相变及马氏体逆相变，析出的溶质原子造成了位错塞积、晶粒尺寸的变化。在脉动频率小于 150c/min 时，“软化效应”占主导作用；而当脉动频率大于 150c/min 时，“硬化效应”占主导作用。这些因素综合的作用，使管材在塑性变形过程中，变形更均匀（图 9-11）。

(4) 脉动液压加载方式下管材成形时皱纹控制及利用的研究

此项研究中，提出了管材轴压胀形中起皱程度的评估方法；基于试验方法和模拟方法分析了脉动、非脉动液压加载方式对起皱的影响，探讨了脉动液压参数对起皱的影响规律，提出了管材轴压胀形中皱纹类型的几何判据与力学判据，并通过试验与模拟数据进行了验证；使用DIC高速散斑机观察、分析了管材在轴压胀形中皱纹的演变过程，提出了皱纹类型路径分布图；建立了起皱程度与成形参数的关系，并通过试验与模拟数据验证其可行性。此项研究取得的主要结果如下。

① 分析了脉动液压加载方式下管材胀形区的起皱行为。在管材轴压胀形过程中，捕捉到了皱纹的演变过程、形态变化特点：皱纹产生、增长、减小和展平（图7-2）。提出了反映起皱程度的评估指标 I [式(7-5)]。

② 总结出脉动液压加载方式下管材的塑性起皱规律。管材轴压胀形中，相对于非脉动液压加载方式，在脉动液压加载方式下，试件的胀形区更容易起皱、皱纹尺寸更大（图7-4）；但在胀形结束时，胀形区减薄量更小、壁厚分布更均匀。脉动振幅增大时，胀形区的起皱程度会减小、壁厚分布更趋均匀（图7-6）；而当脉动频率增大时，胀形区的起皱程度增大（图7-7）。通过合理设置脉动液压参数，能有效提高管材的成形性。

③ 提出了皱纹类型的几何及力学判别式。基于皱谷处材料的壁厚变化以及皱谷处材料的变形状态（拉伸或压缩），运用增量理论推导出了皱纹类型的几何判据关系式（6-11）；而基于皱谷处材料的径向变形趋势（径向外凸或内凹），运用能量法推导出皱纹类型的力学判据关系式（6-25）。试验和模拟验证两种判据关系式具有较高的准确性（表6-3）。运用能量法，推导出管材轴压胀形中前后两个时刻的起皱程度与成形参数间的关系式（7-16），并结合所提出的起皱程度指标 I，可以预测管材轴压胀形后期可能的起皱程度。

④ 提出了利用塑性失稳起皱规律提高管材成形性的方法。提出了利用成形参数绘制皱纹类型路径分布图的方法（图7-9）。在管材轴压胀形中，结合所提出的皱纹类型路径分布图以及相关的计算方法，能够可靠地确定液压加载方式，使皱纹成为有益皱纹，从而达到利用皱纹提高管材成形性的目的。

（5）脉动液压加载方式下管材径压胀形性的研究

对SS304管材在脉动液压加载方式下的径压胀形进行了试验研究；对比研究了图9-1所示的脉动、线性液压加载方式下管材径压胀形的成形规律；分析了脉动液压参数对管材成形性、微观组织的影响规律 [对组织的影响参见上面第（3）部分]。此项研究取得的主要结果如下。

① 脉动液压加载能有效提高THFRC的成形性：在最大液压力相同的条件下，相对于线性液压加载，脉动液压加载方式能得到形状精度更高、壁厚更加均匀的试件，即脉动液压加载能明显地提高管材径压胀形的成形性（图9-4）。

② 脉动频率对试件的形状精度及壁厚均匀性有明显的影响：在本研究的脉动频率范围内（0～300c/min），当脉动频率为150c/min时，得到的形状精度最高、壁厚最均匀（图9-5），即只有选用合适的脉动频率，才能使试件的成形性最好。

③ 脉动振幅对试件的形状精度及壁厚均匀性的影响规律稍有不同：随着脉动振幅增大，则试件形状精度有所降低，但壁厚均匀性得到改善（图9-5、图9-6）。

11.1.2 镁合金板材脉动液压胀形的研究

镁合金由于具有一系列优良特性，其塑性成形技术在加工制造领域受到了高度重视并得到了广泛应用。笔者采用试验研究和模拟相结合的方法，对比研究 AZ31B 镁合金板材在脉动、线性液压加载方式下的成形规律；对厚度为 0.6mm 的 AZ31B 镁合金板材进行了脉动液压胀形试验研究；分析了液压加载方式、脉动液压参数对试件成形性的影响规律；对比分析了两种液压加载方式下试件的破裂情况。此项研究取得的主要结果如下。

① 提出了一种产生脉动液压力的方法。利用凸轮推动两个活塞杆，通过使活塞杆协调运动来挤压液压腔内的液体，产生脉动液压力。一个活塞杆做匀速进给运动，产生单调增大的液压力 P_0；另一个活塞杆做周期性地往复运动，使液压腔内的液压力周期性波动（图 2-15）。根据此方法开发了一套板材脉动液压胀形试验装置（图 2-16），在此装置上，既可以进行线性液压加载试验，也可以进行脉动液压加载试验。

② 在相同的最大液压力条件下，相对于线性液压加载方式，脉动液压加载方式能够提高镁合金试件的最大胀形高度（图 10-8、图 10-9）、增加壁厚均匀性（图 10-10，图 10-11），并且能够延迟破裂的出现，在一定程度上提高了镁合金板材的成形性。

③ 在镁合金板材脉动液压胀形过程中，脉动振幅越大，试件的最大胀形高度越大，且壁厚均匀性越好（图 10-13、图 10-16）；脉动频率越大，壁厚均匀性越好，但当频率超过一定值时，壁厚均匀性不再随频率发生变化，基本保持不变（图 10-14、图 10-15）；无论在哪个脉动振幅情况下，当脉动频率 $f=45\sim50$c/min 时，得到的最大胀形高度值最大、壁厚最均匀（图 10-12、图 10-14）。

④ 镁合金板材脉动液压胀形过程中，破裂是其主要的失效形式，并且破裂一般从试件中部顶点处开始（图 10-22），其破裂形态主要有 8 字形、口字形和 O 字形三种，其中 8 字形破裂形状具有代表性（图 10-20）。

11.2 技术展望

本书的主要研究工作及取得的结果为脉动液压加载提高管材成形性的机理的深入研究奠定了一定的理论基础，具有一定的指导和借鉴作用。然而，脉动液压胀形作为一种新的成形方法，在理论、试验和模拟方面的研究还不够完善，在开展本研究工作中，也遇到了如下几个问题有待解决。

① 所开发的脉动液压胀形试验系统（图 2-3）是利用伺服冲床及安装在其上的活塞的往复运动来产生脉动液压，通过控制活塞的运动速度和移动距离，得到不同脉动液压参数的液压力，能对管材、板材进行不同脉动振幅及频率的脉动液压胀形试验，该方法获得了国家授权发明专利（专利号 ZL201110101346.7）。但是，脉动液压胀形中，由于材料、摩擦、接触等非线性，以及液压传感器的精度及响应问题（从目前的技术水平来看，液压传感器的检测精度只能达到 0.5MPa），要精确调整及控制脉动液压参数，使脉动液

压力按期望方式迅速变化，实现液压力与轴向进给精确匹配等还比较困难，从而在轴压胀形中合理地产生、控制和利用起皱及效果有一定的影响。今后努力的方向是采用高精密、快速响应的液压传感器及信号采集器，对液压力实现闭环控制、实现数字调节及自动控制、提高脉动液压力的调节控制精度及稳定性，开发出能直接输入、输出脉动液压加载曲线的试验设备，为准确分析脉动液压加载方式提高管材成形性机理提供必须的试验手段。

② 由于所开发的脉动液压试验装置在脉动液压参数及液压力大小的设置上有一定局限性，所以本研究的对象主要集中于 SS304 不锈钢薄壁管材，这是市面上最常见、最容易购入的管材，也是液压试件最常用的管材。基于此类管材得到的研究成果，对于其他管材的适用性及推广性可能还存在不严谨之处。如在研究摩擦特性中发现，管材内部的液体压强、管材与模具之间的接触压强这两者并不相等，接触压强始终小于液体压强，但是随着管材液压胀形，接触压强值有逐渐接近液体压强值的趋势。当液体压强达到一定大小后，SS304 不锈钢薄壁管材就会产生破裂，接触压强与液体压强大约相差 20%。液体压强最终是否会与接触压强相等，需要采用塑性更好的有色金属管材作进一步的研究，进一步的研究工作将有助于揭示脉动液压加载对组织结构演变的影响规律。

笔者对 AZ31B 镁合金板材脉动液压胀形的变形规律进行了初步的研究。研究成果为深入研究镁合金板材液压成形规律和扩大其应用范围有一定的借鉴和指导作用。但由于板材脉动液压胀形是一个新颖的成形技术，理论研究和试验研究方面还很不够完善，仍有一些问题有待于进一步解决。

① 对于脉动液压加载能够提高 AZ31B 镁合金板材的成形性的深层机理和根本原因，目前尚需要开展进一步的理论分析和试验论证工作。

② 本书提出了一种产生脉动液压力的方法，并自主开发了一套板材脉动液压胀形试验装置。但这套试验装置仍然存在不足，如自动化程度不高，不能无级调节液压力的大小及脉动液压参数。

③ 镁合金板材脉动液压胀形时失效、力学特性、几何与力学条件，尚未十分清楚，有待于进一步的研究。

④ 高温条件下的镁合金板材脉动液压胀形的研究可能成为未来的重要发展方向之一，这一方向的深入研究将有助于扩大镁合金板材的应用范围。

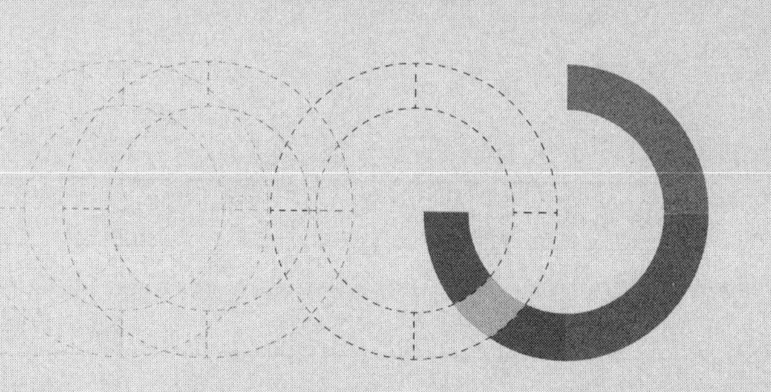

附录

符号表

（按符号顺序列出）

序号	符号	单位	意义
1	$\Delta\varepsilon$	—	成形极限曲线的绝对漂移量，式（4-1）
2	a	mm	正弦皱纹的轮廓振幅，式（7-1），图 7-3
3	a，b，c，d	—	试件轮廓上微小单元体 S 的四个边交点，图 8-3
4	ab_{in}，ab_{mid}	mm	试件轮廓上微小单元体 S 内表面、中层面上 a，b 两点的弧长，图 8-3
5	d_0	mm	管坯的初始直径，表 4-1
6	$\mathrm{d}\varepsilon_{\mathrm{e}}$	—	等效应变增量，式（6-6）
7	$\mathrm{d}\varepsilon_{\mathrm{t}}$，$\mathrm{d}\varepsilon_{\mathrm{y}}$，$\mathrm{d}\varepsilon_{\theta}$	—	分别为胀形区皱谷 V 处横截面所受到厚向、轴向、环向应变增量，式（6-5）和式（6-6）
8	$\mathrm{d}\varepsilon_{\theta(i)}$，$\mathrm{d}\varepsilon_{\theta(i)}$，$\mathrm{d}\varepsilon_{\mathrm{t}(i)}$	—	第 i 时刻试件的子午向、环向、厚向应变增量，式（8-13）
9	E	GPa	材料的杨氏模量，表 9-1
10	f	c/min	液压力 P 的脉动频率，即单位时间内脉动次数，$f=1/T$，图 2-1（a），图 2-2（a）
11	$f(z)$	mm	假设的子午向轮廓形状函数，图 8-2 及式（8-10）
12	F_{f}	N	导向区的摩擦力，$F_{\mathrm{f}}=2F_{z}$，图 5-1，图 6-2（b），图 8-2（b）及式（8-3）
13	F_{P}，$F_{\mathrm{P'}}$	N	分别为液压力对挤压头、试件横截面的轴向作用力，图 6-2
14	F_{V}	N	胀形区皱谷 V 处横截面上所受到的轴向推力 F_{V}，图 6-2（b）
15	F_{x}	N	作用在右下定位圈上、沿 x 方向的推力，式（5-1），图 5-1

续表

序号	符号	单位	意义
16	F_z	N	挤压头对管端的轴向推力，图 2-1（b），图 2-8；力传感器 2 或力传感器 3 测量的载荷大小，图 5-1
17	F_{zc}	kN	力学判别式（6-24）中的临界轴向推力
18	h	mm	第 i 时刻试件中截面的胀形高度，图 8-2（a）
19	h_c	mm	几何判别式（6-11）中，皱纹的临界几何值
20	h_{max}	mm	试件的最大胀形高度，表 3-4，图 10-7
21	h_V，h_F	mm	分别为皱谷 V、皱峰 F 处的胀形高度，图 6-2（c）
22	I	—	起皱程度指标，式（7-5）
23	i	—	液压胀形中的第 i 个时刻，图 8-2 及式（8-13）
24	j	—	试件轮廓上任意点，图 8-2（b）
25	K	MPa	Hollomon 塑性硬化模型中材料的强化系数，表 4-1，表 5-1
26	k	—	皱纹的轮廓振幅与波长之比，式（7-5）
27	l	mm	皱纹轮廓的塑性铰线 FV 的长度，图 6-3
28	L	mm	试件横截面的对角线长度，图 9-3
29	l_0	mm	管坯的初始长度，图 2-7，图 2-8
30	l_2	mm	皱纹轮廓的塑性铰线 $F'V'$ 在 z 轴上的投影长度，式（7-13）
31	l_3	mm	皱纹轮廓的塑性铰线 $F'V'$ 在 y 轴上的投影长度，式（7-14）
32	l_b	mm	液压胀形装置中，胀形区管坯长度，图 2-7～图 2-9
33	l_g	mm	液压胀形装置中，定位圈的轴向尺寸，图 2-7～图 2-9，图 5-4，图 6-2
34	l_{OAB}	mm	轴向皱纹的正弦波形轮廓曲线长度，式（7-2），图 7-3
35	l_z	mm	皱纹轮廓的塑性铰线 FV 在 z 轴上的投影长度，图 6-3
36	l'	mm	液压胀形装置中，管坯在导向区内的长度，图 5-1
37	μ	—	导向区的摩擦系数，式（5-5）
38	M_p	MPa/mm	单位长度的塑性模量，式（6-13）
39	n	—	Hollomon 塑性硬化模型中材料的硬化指数 n，表 4-1，表 5-1
40	N	N	试件与下定位圈之间的法向接触压力（合力），式（5-4）
41	p	—	试件的子午向轮廓的顶点，图 8-3（c）
42	P，P_1	MPa	液体压强，图 2-1（a）；液压力，图 2-2（a）；或脉动液压力，式（2-1）

续表

序号	符号	单位	意义
43	P_0	MPa	脉动液压加载曲线的基准液压力或中位线液压力（曲线），图 2-1，式（2-1）；或非脉动单调增加的液压力（曲线），图 2-2
44	P_2	MPa	试件与模具之间的接触压强，图 5-1，式（5-2）
45	P_c	MPa	皱纹被展平的临界液压力值，式（6-24）
46	P_{max}	MPa	发生破裂时的最大液压力，式（7-8）；液压胀形试验中设定的最大液压力，表 7-1
47	P_s	MPa	管材初始屈服时所需的液压力，式（7-7）
48	Q	N	压边力，图 1-3，图 10-1
49	s	mm	脉动产生系统中，伺服压力机的滑块行程，图 2-3，图 2-6
50	S	mm	液压胀形时管材两端的轴向进给量，图 1-5，表 4-2，式（6-22）
51	T	s	液压力 P 的脉动周期，图 2-1（a），图 2-2（a）
52	t	s，mm	胀形时间，图 2-1，式（2-1）。胀形试件任意点的壁厚，图 3-2、图 3-3
53	t_0	mm	管坯的初始壁厚，表 4-1
54	t_a，t_b	mm	试件子午向轮廓上任意 a，b 两点的厚度，式（8-4）
55	T_i，T	s	分别表示液压胀形中的采样时刻及胀形总时间，表 6-3
56	t_{max}	mm	试件最大壁厚值，图 9-3
57	t_{min}	mm	胀形试件的最小壁厚，表 3-3，图 9-3
58	t_p	mm	试件的子午向轮廓上顶点的平均厚度，$t_p=(t_a+t_b)/2$，式（8-4）
59	v	m/s	脉动产生系统中，伺服压力机的滑块速度，图 2-3，图 2-6
60	V	mm^3	皱峰与皱谷之间材料体积，式（6-17）
61	W_b，W_c，W_e	J	分别为塑性弯曲应变能、周向塑性应变能、外力对试件变形所做的功，式（6-12），式（6-15）和式（6-18）
62	W_P，W_{FZ}	J	分别为液压力、轴向推力 F_Z 所做的功，式（6-19）和式（6-20）
63	γ	—，°，—	接触压强与液体压强的比值，式（5-3），图 5-8；试件子午向轮廓上 a，b 两点连线与 z 轴的夹角，图 8-3（c）；材料的各向异性指数 γ，表 9-1
64	δ	%	壁厚减薄率，表 3-1
65	δ_0	%	材料的延伸率，表 4-1

续表

序号	符号	单位	意义
66	Δh	mm	皱纹的皱谷在 y 轴上的移动距离，图 6-3
67	$\Delta\mu$	—	摩擦系数变化曲线的波动振幅，图 5-11，图 5-13
68	δ_{max}	%	壁厚最大减薄率，表 3-3
69	ΔP	MPa	液压力 P 的脉动振幅，为脉动液压加载曲线中的波峰与波谷差值的一半，图 2-1（a），图 2-2（a）
70	ΔP_{bc}	MPa	脉动液压加载曲线相邻两个波峰的液压力差，图 9-11
71	Δt	mm	试件的壁厚差值，图 9-3
72	ΔV	mm^3	由 FV 处运动到 FV' 处时材料的体积变化量，式（6-19）
73	ε_1	—	成形极限图中的主应变，也是试件最大截面处的周向应变，图 4-1～图 4-3
74	ε_{1n}，ε_{2n}	—	非脉动液压胀形时试件的主应变、次应变，式（4-1）
75	ε_{1p}，ε_{2p}	—	脉动液压胀形时试件的主应变、次应变，式（4-1）
76	ε_2	—	成形极限图中的次应变，也是试件最大截面处的轴向应变，图 4-1～图 4-3
77	ε_e	—	等效应变，式（6-16）
78	ε_z	—	试件轮廓上某点的轴向应变，图 3-7
79	ε_θ	—	试件轮廓上某点的周向应变，图 3-7
80	η	%	壁厚偏差率（壁厚相对偏差），表 3-3，图 3-4；成形极限曲线的相对漂移，式（4-2）
81	η_{hmax}	%	脉动与非脉动胀形后试件的最大胀形高度的相对偏差，表 3-4
82	θ	(°)	试件轮廓上某单元的环向夹角，图 2-8，图 8-3；皱纹轮廓的塑性铰线 $F'V'$ 与 z 轴的夹角，图 6-3；试件环向轮廓上 f，e 两点半径线之间的夹角，图 8-3（c）
83	λ	mm	正弦皱纹的轮廓波长，式（7-1），图 7-3
84	ν	—	材料的泊松比，表 9-1
85	ρ_θ	mm	试件轮廓上某点的环向曲率半径，图 2-8，图 8-3
86	$\rho_{\theta a}$，$\rho_{\theta b}$	mm	试件环向轮廓上 a，b 两点的曲率半径，图 8-3
87	ρ_φ	mm	试件轮廓上某点的子午向曲率半径，图 2-8，图 8-3
88	$\rho_{\varphi a}$，$\rho_{\varphi b}$	mm	试件子午向轮廓上 a，b 两点的曲率半径，图 8-3
89	σ_b	MPa	材料的抗拉强度，表 4-1
90	σ_e	MPa	等效应力，式（6-7）

续表

序号	符号	单位	意义
91	σ_s	MPa	材料的屈服强度，表 4-1
92	σ_z，σ_θ，σ_t	MPa	分别为皱谷处 V 横截面所受到的轴向、环向、厚向应力，式（6-2）、式（6-4）、式（6-8）
93	σ_θ	MPa	试件轮廓上某点的环向应力，图 2-7，图 2-8
94	σ_φ	MPa	试件轮廓上某点的子午向应力，图 2-7，图 2-8
95	φ	(°)	试件轮廓上某单元（或两点之间）的子午向夹角，图 2-8，图 8-3
96	ϕ_a，ϕ_b	(°)	试件子午向轮廓上 a，b 两点的切线与水平坐标轴的夹角，图 8-3（c）

参考文献

[1] 庄志宇，李政信，邱黄正凯，郑炳国，刘弦锦，潘永春．自行车铬钼钢管之管件液压成形开发［J］．锻造，2010，19（1）：54-58.

[2] 李洪洋，苑世剑，王仲仁．液压挤胀成形工艺在汽车行业当中的应用［J］．模具技术，2001，32（4）：7-9.

[3] Ahmetoglu M，Altan T. Tube hydroforming：state-of-the-art and future trends［J］. Mater Process Technol，2000，98（l）：25-33.

[4] 王建琪．更具竞争力的液压成形技术［J］．汽车制造业，2007，（11）：64.

[5] Jeswiet J，Geiger M，Engel U，Kleiner M，Schikorra M，Duflou J，Neugebauer R，Bariani P，Bruschi S. Metal forming progress since 2000. CIRP J Manuf Sci Technol，2008，1：2-17.

[6] 渊泽定克．日本内高压成形技术进展［J］．塑性工程学报，2007，14（5）：171-179.

[7] 康万平，王宇，康蕾．管件液压成型技术简述［J］．焊管，2010，33（1）：53-55.

[8] A. Alaswad，K. Y. Benyounis，A. G. Olabi. Tube hydroforming process：A reference guide［J］. Materials and Design，2012，33：321-339.

[9] Forouhandeh F，Kumar S，Ojha SN. Recent development of hydroforming-a review. Int J Adv Manuf Technol，2015，15（2）：27-36.

[10] 朗利辉，苑世剑，王仲仁，王小松．管件内高压成形及其在汽车工业中的应用现状［J］．中国机械工程，2004，15（3）：268-272.

[11] 韩英淳，于多年，马若丁．汽车轻量化中的管材液压成形技术［J］．汽车工艺与材料，2003，8：23-27.

[12] S. Thiruvarudchelvan，F. W. Travis. Hydraulic-pressure-enhanced cup-drawing processes—an appraisal［J］. Journal of Materials Processing Technology，2003，140（1-3）：70-75.

[13] Lang LH，Danckert J，Karl B N. Study on hydromechanical deep drawing with uniform pressure onto the blank［J］. International Journal of Machine Tools & Manufacture，2004，44（5）：495-502.

[14] 苑世剑，滕步刚．无模液压胀形技术——王仲仁教授的一项发明［J］．塑性工程学报，2004，11（2）：9-20.

[15] 王仲仁，苑世剑，滕步刚．无模液压胀球原理与关键技术［M］．哈尔滨：哈尔滨工业大学出版社，2014. 7.

[16] Rikimaru T，Ito M. Hammering hydro-forming of tubes. Press Working，2001，39（7）：58-65.

[17] Hama T.，Asakawa M.，Fukiharu H，Makinouchi A. Simulation of hammering hydroforming by static explicit FEM［J］. ISIJ International，2004，44（1），123-128.

[18] Mori K，Patwari AU，Maki S. Improvement of formability by oscillation of internal pressure in pulsating hydroforming of tube. CIRP Annals—Manufacturing Technology，2004，53：215-218.

[19] K Mori，T Maeno，S Maki. Mechanism of improvement of formability in pulsating hydroforming of tubes［J］. International Journal of Machine Tools & Manufacture，2007，47（6）：978-984.

[20] Loh-Mousavi M，Bakhshi-Jooybari M，Mori K. Mechanism of Improvement of Formability in Pulsating Hydroforming of T-shape Tubes［J］. Amirkabir/MISC，2010，42（1）：29-35.

[21] Loh-Mousavi M，Bakhshi M，Mori K，Maeno T，Farzin MR，Hosseinipour SJ. 3-D finite element simulation of pulsating free bulge hydroforming of tubes［J］. Iranian Journal of Science & Technology，2008，32（6）：611-618.

[22] Loh-Mousavi M，Bakhshi-Jooybari M，Mori K，Hyashi K. Improvement of formability in T-shape hydroforming of tubes by pulsating pressure［J］. Proc Inst Mech Eng B J Eng Manuf，2008，222（9）：1139-1146.

[23] M. Loh-Mousavi，A Msoud Mirhosseini，G Amirian. Investigation of modified bi-layered tube hydro-forming by pulsating pressure［J］. Key Engineering Materials，2011，15（486）：5-8.

[24] Y Xu，S H Zhang，M Cheng，H W Song，X S Zhang. Application of pulsating hydroforming in manufacture of en-

gine cradle of austenitic stainless steel [J]. Procedia Engineering, 2014, 81: 2205-2210.

[25] 苑世剑，何祝斌等．内高压成形理论与技术的新进展 [J]．中国有色金属学报，2011，21 (10)：523-2533.

[26] 袁安营，张士宏，王忠堂．管材内高压成形新加载方式的研究 [J]．锻压技术，2008，33 (5)：95-97，101.

[27] Zhang S H, Yuan A Y, Wang B, Zhang H Q, Wang Z T. Influence of loading path on formability of 304 stainless steel tubes [J]. Science in China Series E: Technological Sciences, 2009, 52 (8): 2263-2268.

[28] Yang L F, Chen F J. Investigation on the formability of a tube in pulsating hydroforming [J]. Materials Science Forum, 2009, 628-629: 617-622.

[29] Yang L F, Rong H S, He Y L. Deformation behavior of a thin-walled tube in hydroforming with radial crushing under pulsating hydraulic pressure [J]. Journal of Materials Engineering and Performance, 2014, 23 (2): 429-438.

[30] Lianfa Y, Ninghua W, Yulin H. Deformation behaviours of SS304 tubes in pulsating hydroforming processes. Structural Engineering and Mechanics, 2016, 60 (1): 91-110.

[31] 张士宏，袁安营．板材与管材成形性能的研究与进展 [J]．精密成形工程，2009，1 (1)：1-6，52.

[32] Emmens W C, van den Boogaard A H. An overview of stabilizing deformation mechanisms in incremental sheet forming [R]. Report of CORUS RD&T and University of Twente, The Netherlands, 2009.

[33] W J Song, S C Heo, T W Ku, J Kim, B S Kang. Evaluation of effect of flow stress characteristics of tubular material on forming limit in tube hydroforming process [J]. International Journal of Machine Tools & Manufacture, 2010, 50: 753-764.

[34] A. Alaswad, K. Y. Benyounis, A. G. Olabi. Tube hydroforming process: a reference guide [J]. Materials and Design, 2012, 33: 328-339.

[35] U. S. Dixit, S. N. Joshi, J. P. Davim. Incorporation of material behavior in modeling of metal forming and machining processes: a review [J]. Materials and Design, 2011, 32: 3655-3670.

[36] W. J. Song. Experimental and analytical evaluation on flow stress of tubular material for tube hydroforming simulation [J]. Journal of Materials Processing Technology, 2007, 191: 368-371.

[37] Ouirane A H B, Velasco R, Michel G, Boudeau N. Error evaluation on experimental stress-strain curve obtained from tube bulging test [J]. Thin-Walled Structures, 2011, 49 (10): 1217-1224.

[38] Jansson M, NilssonL, Simonsson K. The use of biaxial test data in the validation of constitutive descriptions for tube hydroforming applications [J]. Journal of Material Procession Technology, 2007, 184 (1): 69-76.

[39] P. Bortot. The determination of flow stress of tubular material for hydroforming applications [J]. Journal of Materials Processing Technology, 2008, 203: 381-388.

[40] 许长宝，赵亦希，陈新平，陈庆欣，徐祥合，王武荣．基于液压胀形的直焊管力学性能测试方法 [J]．机械设计与研究，2010，(3)：97-100.

[41] 林艳丽，何祝斌，苑世剑．管材自由胀形时胀形区轮廓形状的影响因素 [J]．金属学报，2010，46 (6)：729-735.

[42] M. Strano. An inverse energy approach to determine the flow stress of tubular materials for hydroforming applications [J]. Journal of Materials Processing Technology, 2004, 146: 92-96.

[43] Yang L, Guo C. A simple experimental tooling with internal pressure source used for evaluation of material formability in tube hydroforming [J]. Journal of Materials Processing Technology, 2006, 180 (1-3): 310-317.

[44] Yang L F, Guo C. Determination of stress-strain relationship of tubular material with hydraulic bulge test [J]. Thin-Walled Structures, 2007, 46 (2): 147-154.

[45] Peng J Y, Zhang W D, Liu G, Zhu S Q, Yuan S J. Effect of internal pressure distribution on thickness uniformity of hydroforming Y-shaped tube [J]. Transactions of Nonferrous Metals Society of China, 2011 21: 423-428.

[46] K. Mori, T. Maeno, M. Bakhshi-Jooybari, S. Maki, Measurement of friction force in free bulging pulsating hydro-

forming of tubes, in: P. F. Bariani et al. (Ed.), Advanced Technology of Plasticity 2005, Edizioni Progetto Padova, Padova, 2005, CD-ROM.

[47] 杨连发，邓洋，郭成．基于径压胀形确定管材的摩擦因数 [J]．机械工程学报，2007，43 (11)：200-205.

[48] L F Yang, C Q Wu, F J Chen. COF measurement of tubes by hydraulic bulging with radial crushing [J]. Advanced Materials Research, 2011, 189-193: 2597-2600.

[49] L F Yang, P Lei, C Guo. The influence of friction on forming accuracy of tubular parts by hydroforming with radial crushing [J]. Advanced Materials Research, 2011, 328-330: 1386-1390.

[50] Hyae Kyung YI, Hong S Y, LEE G Y, Chung G S. Experimental investigation of friction coefficient in tube hydroforming [J]. Transactions of Nonferrous Metals Society of China, 2011, 21: 194-198.

[51] Taleb L, Hauet A. Multiscale experimental i ivestigations about the cyclic behavior of the 304L SS [J]. International Journal of Plasticity, 2009, 25 (7): 1359-1385.

[52] 袁安营．加载方式对管材液压成形性的影响 [D]．沈阳：中国科学院金属研究所，2009.

[53] Dohmann F, Hartl C. Tube hydroforming-research and practical application [J]. Journal of Materials Processing Technology, 1997, 71 (1): 174-186.

[54] 刘钢，苑世剑，王小松，苗启斌．加载路径对内高压成形件壁厚分布影响分析 [J]．材料科学与工艺，2005，13 (2)：162-165.

[55] Yuan S J, Liu G, Wang X S, Wang Z R. Control and use wrinkles in tube hydroforming [J]. Journal of Materials Processing Technology, 2007, 182 (1-3): 6-11.

[56] 苑世剑，王小松．内高压成形技术研究与应用新进展 [J]．塑性工程学报，2008，15 (2)：22-30.

[57] Liu X F, Yang L F, Zhang Y X. Wrinkling identification and wrinkle distribution of a tube [J]. Advanced Materials Research, 2011, 291-294: 662-667.

[58] 王渠东，丁文江．镁合金及其成形技术的国内外动态与发展 [J]．世界科技研究与发展，2004，26 (3)：28-46.

[59] H Friedrich, S Schumann. Research for a new age of magnesium in the automobile industry [J]. Journal of Materials Processing Technology, 2001, 117 (23): 276-281.

[60] G. Palumbo, D. Sorgente, L. Tricarico, S. H. Zhang, W. T. Zheng. Numerical and experimental investigations on the effect of the heating strategy and the punch speed on the warm deep drawing of magnesium alloy AZ31 [J]. Journal of Materials Processing Technology, 2007, 191 (1): 342-346.

[61] Y. S. Lee, M. C. Kim, S. W. Kim, Y. N. Kwon. Experimental and analytical studies for forming limit of AZ31 alloy on warm sheet metal forming [J]. Journal of Materials Processing Technology, 2007, 187-188 (10): 103-107.

[62] 杨柳，官英平，段永川，周美玲．AZ31B镁合金方盒形件的差温拉深成形 [J]．塑性工程学报，2016，23 (1)：27-31，39.

[63] X Q Cao, P P Xu, Q Fan, W X Wang. Theoretical prediction of forming limit diagram of AZ31 magnesium alloy sheet at warm temperatures [J]. Trans. Nonferrous Met. Soc. China, 2016, 26: 2426-2432.

[64] 文怀兴，刘桂芳，史鹏涛．AZ31B镁合金板热渐进成形的精度研究 [J]．锻压技术，2017，42 (4)：59-62.

[65] 王文先，张金山，许并社．镁合金材料的应用及加工成型技术 [J]．太原理工大学学报，2001，15 (11)：599～603.

[66] 杨连发，迁浩和，森谦一郎．AZ31 镁合金板冷拉深变形特点 [J]．桂林电子科技大学学报，2006，26 (5)：385-389.

[67] K. Mori, H. Tsuji. Cold deep drawing of commercial magnesium alloy sheets [J]. CIRP Annals-Manufacturing Technology, 2007, 56 (1): 285-288.

[68] 毛献昌，杨连发，陈奉军．镁合金板成形工艺参数对其成形性能的影响 [J]．现代机械，2008，4：92-94.

[69] S Thirun, H B Wang, G Seet. Hydraulic pressure enhancement of the deep-drawing process to yield deeper cups

[J] . Journal of Materials Processing Technology，1998，82 (1-3)：156-164.
[70] 孟若愚，张代东，原洪加 . 镁合金成型技术研究进展 [J] . 热加工工艺，2008，37 (7)：32-35.
[71] 王冬梅，王忠堂，张士宏，任丽梅，王淼 . 镁合金盒形件充液拉深液压力的研究 [J] . 沈阳理工大学学报，2007，26 (3)：53-56.
[72] 毛献昌，陈奉军 . AZ31B镁合金板液压-机械拉深试验研究 [J] . 锻压技术，2009，34 (1)：50-52.
[73] 毛献昌，杨连发，陈奉军 . 板材液压拉深试验装置开发 [J] . 世界科技研究与发展，2009，8 (5)：15-19.
[74] 毛献昌，杨连发，刘赟，李世洋 . 镁合金方形件液压拉深成形的数值模拟 [J] . 锻压技术，2013，38 (3)：24-28.
[75] 毛献昌，杨连发，罗代宋，刘人毅 . 镁合金方形件分块压边液压拉深壁厚分析 [J] . 机床与液压，2014，42 (2)：8-11.
[76] 毛献昌，杨连发，黄晖智，姚再以 . AZ31B镁合金液压拉深成形件的壁厚分布 [J] . 热加工工艺，2017，46 (5)：125-130.
[77] 周丽新，张仕红，郑文涛 . 镁合金板阶段温热液压成形实验与数值模拟 [J] . 现代机械，2006，13 (3)：849-852.
[78] 郑文涛，徐永超 . 镁合金手机壳的温热液压成形实验及模拟研究 [J] . 塑性工程学报，2006，14 (5)：92-95.
[79] 张志远，耿军晓，纪莲清 . 镁合金板材液压梯温拉深成形新工艺 [J] . 新技术新工艺，2009，(10)：113-115.
[80] M Imaninejad，G Subhash，A Loukus. Experimental and numerical investigation of free-bulge formation during hydroforming of magnesium alloy [J] . Journal of Materials Processing Technology，2004，147 (6)：247-254.
[81] K Mori，A U Patwari，S Maki. Finite element simulation of hammering hydroforming of tubes [J] . Computational Fluid and Solid Mechanics，2003，15：498-501.
[82] Liang Yi，Lianfa Yang，Chen Guo. Formability of AZ31B magnesium alloy sheet in hydro-bugling by pulsating hydraulic pressure [J] . Advanced Materials Research，2011，295-297：1699-1704.
[83] Lianfa Yang，Liang Yi，Chen Guo. Influence of pressure amplitude on formability in pulsating hydro-bugling of AZ31B magnesium alloy sheet [J] . Applied Mechanics and Materials，2012，128-129：397-402.
[84] G. Morphy，Pressure-sequence and high-pressure hydro-forming [J] . Tube Pipe J.，1998，2 (1)：128-135.
[85] Lianfa Y，Ninghua W，Huijie J. Determination of material parameters of welded tube via digital image correlation and reverse engineering technology [J] . Materials and Manufacturing Processes 2016，31 (3)：328-334.
[86] 王宁华 . 脉动液压成形条件下管材塑性硬化规律的研究 [D] . 桂林：桂林电子科技大学，2015.
[87] Lianfa Yang，Ninghua Wang，Yulin He. Deformation behaviours of SS304 tubes in pulsating hydroforming processes [J] . Structural Engineering and Mechanics，2016，60 (1)：91-110.
[88] 汤道福 . 金属薄壁管在脉动液压加载下的韧性断裂行为的研究 [D] . 桂林：桂林电子科技大学，2016.
[89] Lianfa Yang，Daofu Tang，Yulin He. Describing tube formability during pulsating hydroforming using forming limit diagrams [J] . The Journal of Strain Analysis for Engineering Design，2017，52 (4)：249-257.
[90] YM Hwang，YK Lin，HC Chuang. Forming limit diagrams of tubular materials by bulge test [J] . Journal of Materials Processing Technology，2009，209 (11)：5024-5034.
[91] A Pambhar，K Narasimhan. Prediction of stress and strain based on forming limit diagram during tube hydroforming process [J] . Transactions of the Indian Institute of Metals，2013，66 (5-6)：665-669.
[92] R Davies，G Grant，D Herling，M Smith，B Evert，S Nykerk，J Shoup. Formability investigation of aluminum extrusions under hydroforming conditions [J] . Sae Technical Papers，2000.
[93] Xianfeng Chen，Zhong qiYu，Bo Hou，Shu huiLi，Zhong qinLin. A theoretical and experimental study on forming limit diagram for seamed tube hydroforming [J] . Journal of Materials Processing Technology，2011，211：2012-2021.
[94] A Omar，A Tewari，K Narasimhan. Formability and microstructure evolution during hydroforming of drawing quali-

ty welded steel tube [J] . Journal of Strain Analysis for Engineering Design，2015，50：1-15.

[95] Lianfa Yang，GuoLin Hu，Jianwei Liu. Investigation of forming limit diagram for tube hydroforming considering effect of changing strain path [J] . International Journal of Advanced Manufacturing Technology，2015，79 (5-8)：793-803.

[96] Lianfa Yang，Guolin Hu，Jianwei Liu. Investigation of forming limit diagram for tube hydroforming considering effect of changing strain path [J] . International Journal of Advanced Manufacturing Technology，2015，79 (5-8)：793-803.

[97] S Kaya. Evaluating porthole and seamless aluminum tubes and lubricants for hydroforming [J] . The International Journal of Advanced Manufacturing Technology，2015，77 (5-8)：807-817.

[98] 吴春蕾．管材脉动液压成形时动态摩擦特性的研究 [D] . 桂林：桂林电子科技大学，2015.

[99] Lianfa Yang，Wu Chunlei，Yulin He. Dynamic frictional characteristics for the pulsating hydroforming of tubes [J] . International Journal of Advanced Manufacturing Technology，2016，86 (1)：347-357.

[100] P Thanakijkasem，V Uthaisangsuk，A Pattarangkun，S Mahabunphachai. Effect of bright annealing on stainless steel 304 formability in tube hydroforming [J] . International Journal of Advanced Manufacturing Technology，2014，73 (9-12)：1341-1349.

[101] F Vollersten，M Plancak. On possibilities for the determination of the coefficient of friction in hydroforming of tubes [J] . Journal of Materials Processing Technology，2002，125 (10)：412-420.

[102] YM Hwang，LS Huang. Friction tests in tube hydroforming [J] . Proceedings of the Institution of Mechanical Engineers Part B Journal of Engineering Manufacture，2005，219 (8)：587-593.

[103] M Plancak，F Vollertsen，J Woitschig. Analysis，finite element simulation and experimental investigation of friction in tube hydroforming [J] . Journal of Materials Processing Technology，2005，170 (1)：220-228.

[104] T Hama，M Asakawa，H Fukiharu，A Makinouchi. Finite element simulation of hammering hydroforming of an automotive component [J] . Proceedings of the Tube Hydroforming，2003，13-17：80-83.

[105] SH Zhang，AY Yuan. Research and development on formability of sheets and tubes [J] . Journal of Netshape Forming Engineering，2009，1 (1)：1-6.

[106] P Groche，A Peter. Performance of lubricants in internal high pressure forming of tubes [J] . Advanced Plastic Technology，2002，4：382-384.

[107] 胡竹林．脉动液压加载下管材轴压胀形中起皱行为的研究 [D] . 桂林：桂林电子科技大学，2015.

[108] Lianfa Yang，Zhulin Hu，Yulin He. Prediction of wrinkle types in tube hydroforming under pulsating hydraulic pressure with axial feeding [J] . Journal of Mechanical Engineering Science，2016，203-210 (3)：1989-1996.

[109] Byeongdon Joo，Sangyun Kim，Suhee Kim，YoungHoon Moon. FMEA for the reliability of hydroformed flanged part for automotive application [J] . Journal of Mechanical Science and Technology，2013，27 (1)：63-67.

[110] GN Chu，G Chen，BG Chen，S Yang. A technology to improve formability for rectangular cross section component hydroforming [J] . The International Journal of Advanced Manufacturing Technology，2014，72 (5-8)：801-808.

[111] R Jiao，S Kyriakides. Ratcheting，wrinkling of tubes due to axial cycling under internal pressure：Part I experiments [J] . International Journal of Solids and Structures，2011，48 (20)：2814-2826.

[112] P Ray，BJ Mac Donald. Determination of the optimal load path for tube hydroforming processes using a fuzzy load control algorithm and finite element analysis [J] . Finite Elements in Analysis and Design，2005，41 (2)：173-192.

[113] AY Yuan，SH Zhang，YY Sun，M Cheng. Finite element simulation of pulsating tube hydroforming [J] . Journal of Materials Science and Engineering，2009，3 (3)：1-7.

[114] SJ Yuan，WJ Yuan，XS Wang. Effect of wrinkling behavior on formability and thickness distribution in tube hydro-

forming [J] . Journal of Materials Processing Technology, 2006, 177 (1-3): 668-671.

[115] SJ Yuan, ZJ Tang, G Liu. Prediction and analysis of wrinkling in tube hydroforming process [J] . International Journal of Materials and Product Technology, 2011, 40 (3/4): 296-310.

[116] C Yang, G Ngaile. Preform design for tube hydroforming based on wrinkle formation [J] . Journal of Manufacturing Science and Engineering, 2011, 133 (6): 61014.

[117] WJ Yuan, HB Tian, XH Liu, XS Wang, SJ Yuan. Research on Bursting Behavior in Hydroforming of Double-Cone Tube [J] . Advanced Materials Research, 2011, 154-155, 678-685.

[118] T Gao, H Zhang, Y Liu, Z Wang. The influence of length-diameter ratio in forming area on viscous outer pressure forming and limit diameter reduction [J] . Journal of the Brazilian Society of Mechanical Sciences and Engineering, 2015, 37: 1-6.

[119] NK Gupta. Some aspects of axial collapse of cylindrical thin-walled tubes [J] . Thin-Walled Structures, 1998, 32 (1-3): 111-126.

[120] NK Gupta, H Abbas. Mathematical modeling of axial crushing of cylindrical tubes [J] . Thin-walled structures, 2000, 38 (4): 355-375.

[121] HA Bulaqi, MM Mousavi, F, Geramipanah, H Safari and M Paknejad. Effect of the coefficient of friction and tightening speed on the preload induced at the dental implant complex with the finite element method [J] . Journal of Prosthetic Dentistry, 2015, 113 (5): 405-411.

[122] 王小松，苑世剑，王仲仁. 内高压成形起皱行为的研究 [J] . 金属学报，2003，39 (12): 1276-1280.

[123] R Hill. A general theory of uniqueness and stability in elastic-plastic solids [J] . Journal of the Mechanics and Physics of Solids, 1958, 6 (3): 236-249.

[124] B W Senior. Flange wrinkling in deep-drawing operations [J] . Journal of the Mechanics and Physics of Solids, 1956, 4 (4): 235-246.

[125] 张铁. 板带平直度的意义与度量 [J] . 轻合金加工技术，1997，25 (1): 12-14.

[126] S Y A Brooghani, K Khalili, SEE Shahri, BS Kang. Loading path optimization of a hydroformed part using multilevel response surface method [J] . The International Journal of Advanced Manufacturing Technology, 2014, 70 (5-8): 1523-1531.

[127] 李新军，周贤宾，Sutter K，Altan T. 薄壁管轴压胀形的加载与控制 [C] . 北京：第七届全国锻压学术年会论文集，1999.

[128] S Yuan, X Wang, G Liu, ZR Wang. Control and use of wrinkles in tube hydroforming [J] . Journal of Materials Processing Technology, 2007, 182 (1): 6-11.

[129] Lianfa Yang, Ninghua Wang, Huijie Jia. Determination of material parameters of welded tube via digital image correlation and reverse engineering technology [J] . Materials and Manufacturing Processes, 2016, 31 (3): 328-334.

[130] Mei Zhan, Hongfei Du, Jing Liu, Ning Ren, He Yang Haomin Jiang Keshan Diao, Xinpin Chen. A method for establishing the plastic constitutive relationship of the weld bead and heat-affected zone of welded tubes based on the rule of mixtures and a micro-hardness test [J] . Materials Science and Engineering A, 2010, 527 (12): 2864-2874.

[131] Lianfa Yang, Cheng Guo. Determination of stress-strain relationship of tubular material with hydraulic bulge test [J] . Thin-Walled Structures, 2008, 46 (2): 147-154.

[132] Y M Hwang, C W Wang. Flow stress evaluation of zinc copper and carbon steel tubes by hydraulic bulge tests considering their anisotropy [J] . Journal of Materials Processing Technology, 2009, 209: 4423-4428.

[133] N Boudeau, P Malécot, A simplified analytical model for post-processing experimental results from tube bulging

test：Theory，experimentations，simulations［J］．International Journal of Mechanical Sciences，2012，65（1），1-11.

［134］ S Fuchizawa，M Narazaki. Bulge test for determining stress-strain characteristics of thin tubes［J］．Advanced Technology of Plasticity，1993：488-493.

［135］ William F. Hosford，Robert M. Caddell. Metal Forming：Mechanics and Metallurgy［M］．USA：Cambridge University Press，2011.

［136］ HJ Jia，LF Yang，JW Liu. Establishment of stress-strain relationships of tailor-welded tubes via DIC method based on uniaxial tensile tests［J］．Key Engineering Materials，2014，611-612：475-482.

［137］ 容海松．脉动液压加载下管材径压胀形成形规律的研究［D］．桂林：桂林电子科技大学，2013.

［138］ Lianfa yang，Haisong Rong，Yulin He. Deformation behavior of a thin-walled tube in hydroforming with radial crushing under pulsating hydraulic pressure［J］．Journal of Materials Engineering and Performance，2014，23（2）：429-438.

［139］ Lianfa Yang，Zhihua Tao，Yulin He. Prediction of loading path for tube hydroforming with radial crushing by combining genetic algorithm and bisection method［J］．Journal of Engineering Manufacture，2015，229（1）：110-121.

［140］ Y Aueulan，G Ngaile，T Altan. Optimizing tube hydroforming using process simulation and experimental verification［J］．Journal of Materials Processing Technology，2004，146（1）：137-143.

［141］ F Mohammadi，MM Mashadi. Determination of the loading path for tube hydroforming process of a copper joint using a fuzzy controller［J］．The International Journal of Advanced Manufacturing Technology，2009，43（1-2）：1-10.

［142］ Xavier Elie-dit-cosaque，Mohamed Said Chebbah，Hakim Naceur，Augustin Gakwaya. Analysis and design of hydroformed thin-walled tubes using enhanced one-step method［J］．The International Journal of Advanced Manufacturing Technology，2012，59（5-8）：507-520.

［143］ Shuhui Li，Xiang he Xu，Weigang Zhang，Zhong qin Lin. Study on the crushing and hydro-forming processes of tubes in a trapezoid-sectional die［J］．The International Journal of Advanced Manufacturing Technology，2009，43（1-2）：67-77.

［144］ Pan Lei，Lianfa Yang，Yuxian Zhang. Investigation on the formability of tube in hydroforming with radical crushing under simple loading［J］．Advanced Materials Research，2011，291-294：595-600.

［145］ M Milad，N Zreiba，F Elhalouani. The effect of cold work on structure and properties of AISI 304 stainless steel［J］．Journal of Materials Processing Technology，2008，203（1）：80-85.

［146］ K Abhay，D Jha，Sivakumar K，Sreekumar，M. C. Mittal. Role of transformed martensite in the cracking of stainless steel plumbing lines［J］．Engineering Failure Analysis，2008，15（8）：1042-1051.

［147］ Gang Hu，Chunchun Xu，Jungang Yuan，Deformation induced martensite transformation and its magnetic memory effect of austenitic 304 stainless steel［J］．Nondestructive Testing，2008，30（4）：216-219.

［148］ Dehua Chen，Wen Xu，Xiangmei Li，Zichang Zhu. Martensitic transformation（1）［J］．Heat Treatment Technology and Equipment，2011，32，60-66.

［149］ Renyu Fu，Yu Su，Ping Ye，Xicheng Wei，Lin Li，Jicheng Zhang. Internal fiction on the bake-hardening behavior of 0.11C-1.67Mn-1.19Si TRIP steel［J］．Journal of Materials Science and Technology，2009，25（1）：141-144.

［150］ D R Culp，H T Gencsoy. Metal deformation with ultrasound［A］．IEEE xplore conference：1973 ultrasonics symposium［C］．Monterey，California，USA，5-7 Nov. 1973：195-198.

［151］ B. Langenecker. Effect of Ultrasound on deformation characteristics of metal［J］．IEEE Transactions on Sonics Ultrasonics，1966，13（1）：1-8.

[152] 易亮．镁合金板脉动液压加载方式下成形规律的研究［D］．桂林：桂林电子科技大学，2012.

[153] 毛献昌．AZ31B镁合金板材液压成形规律的研究［D］．桂林：桂林电子科技大学，2009.

[154] 张凯锋，尹德良，吴德忠，等．AZ31B镁合金板的热拉深性能［J］．中国有色金属学报，2003，13（6）：1505-1509.

[155] 于忠奇，赵亦希，林忠钦．汽车用铝合金板拉深性能评估参数［J］．中国有色金属学报，2004，14（10）：1689-1693.

[156] 李涛，郎利辉，安冬洋，王玲．复杂薄壁零件板多级充液成形及过程数值模拟［J］．北京航空航天大学学报．2007，33（7）：830-833.

[157] 程俊伟．AZ31B变形镁合金挤压成形工艺的研究［J］．金属成形工艺，2004，22（3）：4-10.

[158] Lianfa Yang，Mori Kenichiro，Tsuji Hirokazu. Deformation behaviors of magnesium alloy AZ31 sheet in cold deep drawing［J］. Transactions of Nonferrous Metals Society of China，2008，18（1）：86-91.

[159] Lianfa Yang，Liang Yi，Xianchang Mao，Cheng Guo. Deformation behaviors of AZ31B magnesium alloy sheets in hydraulic deep drawing［J］. Advanced Materials Research，2010，139-141：520-523.

[160] 毛献昌．AZ31B镁合金板径向推力充液拉深试验［J］．塑性工程学报，2012，19（4）：43-48.